"十三五"国家重点出版物出版规划项目

岩石力学与工程研究著作丛书

节理裂隙岩体内应力波传播
理论与分析方法

范立峰　著

科学出版社

北　京

内 容 简 介

应力波传播理论的研究是岩体工程动态稳定性分析的基础。本书结合国内外应力波传播问题的相关资料和作者多年积累的研究成果，总结了节理裂隙岩体内应力波传播理论与分析方法。书中基于应力波的基本概念和应力波作用下岩体的动态本构关系，介绍宏观节理岩体或细观裂隙岩体内应力波传播的分析方法，主要包括等效连续介质方法和位移不连续方法，研究了宏观节理岩体或细观裂隙岩体内应力波的传播规律；提出应力波在双尺度不连续岩体内传播的均一不连续分析方法，得到含宏观节理和细观裂隙岩体内应力波的传播规律。本书注重基本理论的阐述，重点说明了解决岩体内应力波传播问题的思路、方法和步骤。

本书可作为从事岩体工程、地质工程和采矿工程动态稳定性分析、预测及控制研究的大专院校教师、研究生和科研院所科研人员的参考书。

图书在版编目（CIP）数据

节理裂隙岩体内应力波传播理论与分析方法/范立峰著. —北京：科学出版社，2022.3

(岩石力学与工程研究著作丛书)

"十三五"国家重点出版物出版规划项目

ISBN 978-7-03-071743-6

Ⅰ. ①节… Ⅱ. ①范… Ⅲ. ①节理岩体–应力波传播–研究 Ⅳ. ①O347.4

中国版本图书馆 CIP 数据核字（2022）第 037303 号

责任编辑：刘宝莉 / 责任校对：任苗苗
责任印制：赵 博 / 封面设计：智子文化

科 学 出 版 社 出版

北京东黄城根北街 16 号
邮政编码：100717
http://www.sciencep.com

北京建宏印刷有限公司印刷

科学出版社发行 各地新华书店经销

*

2022 年 3 月第 一 版 开本：720×1000 B5
2024 年 6 月第三次印刷 印张：10 1/2
字数：209 000

定价：98.00 元

（如有印装质量问题，我社负责调换）

"岩石力学与工程研究著作丛书"编委会

"岩石力学与工程研究著作丛书"序

随着西部大开发等相关战略的实施,国家重大基础设施建设正以前所未有的速度在全国展开:在建、拟建水电工程达 30 多项,大多以地下硐室(群)为其主要水工建筑物,如龙滩、小湾、三板溪、水布垭、虎跳峡、向家坝等水电站,其中白鹤滩水电站的地下厂房高达 90m、宽达 35m、长 400 多米;锦屏二级水电站 4 条引水隧道,单洞长 16.67km,最大埋深 2525m,是世界上埋深与规模均为最大的水工引水隧洞;规划中的南水北调西线工程的隧洞埋深大多在 400~900m,最大埋深 1150m。矿产资源与石油开采向深部延伸,许多矿山采深已达 1200m 以上。高应力的作用使得地下工程冲击地压显现剧烈,岩爆危险性增加,巷(隧)道变形速度加快、持续时间长。城镇建设与地下空间开发、高速公路与高速铁路建设日新月异。海洋工程(如深海石油与矿产资源的开发等)也出现方兴未艾的发展势头。能源地下储存、高放核废物的深地质处置、天然气水合物的勘探与安全开采、CO_2 地下隔离等已引起高度重视,有的已列入国家发展规划。这些工程建设提出了许多前所未有的岩石力学前沿课题和亟待解决的工程技术难题。例如,深部高应力下地下工程安全性评价与设计优化问题,高山峡谷地区高陡边坡的稳定性问题,地下油气储库、高放核废物深地质处置库以及地下 CO_2 隔离层的安全性问题,深部岩体的分区碎裂化的演化机制与规律,等等。这些难题的解决迫切需要岩石力学理论的发展与相关技术的突破。

近几年来,863 计划、973 计划、"十一五"国家科技支撑计划、国家自然科学基金重大研究计划以及人才和面上项目、中国科学院知识创新工程项目、教育部重点(重大)与人才项目等,对攻克上述科学与工程技术难题陆续给予了有力资助,并针对重大工程在设计和施工过程中遇到的技术难题组织了一些专项科研,吸收国内外的优势力量进行攻关。在各方面的支持下,这些课题已经取得了很多很好的研究成果,并在国家重点工程建设中发挥了重要的作用。目前组织国内同行将上述领域所研究的成果进行了系统的总结，并出版"岩石力学与工程研究著作丛书"，值得钦佩、支持与鼓励。

该丛书涉及近几年来我国围绕岩石力学学科的国际前沿、国家重大工程建设中所遇到的工程技术难题的攻克等方面所取得的主要创新性研究成果，包括深部及其复杂条件下的岩体力学的室内、原位实验方法和技术，考虑复杂条件与过程(如高应力、高渗透压、高应变速率、温度-水流-应力-化学耦合)的岩体力学特性、变形破裂过程规律及其数学模型、分析方法与理论，地质超前预报方法与技术，工程地质灾害预测预报与防治措施，断续节理岩体的加固止裂机理与设计方法，灾害环境下重大工程的安全性，岩石工程实时监测技术与应用，岩石工程施工过程仿真、动态反馈分析与设计优化，典型与特殊岩石工程(海底隧道、深埋长隧洞、高陡边坡、膨胀岩工程等)超规范的设计与实践实例，等等。

岩石力学是一门应用性很强的学科。岩石力学课题来自于工程建设，岩石力学理论以解决复杂的岩石工程技术难题为生命力，在工程实践中检验、完善和发展。该丛书较好地体现了这一岩石力学学科的属性与特色。

我深信"岩石力学与工程研究著作丛书"的出版，必将推动我国岩石力学与工程研究工作的深入开展，在人才培养、岩石工程建设难题的攻克以及推动技术进步方面将会发挥显著的作用。

2007 年 12 月 8 日

"岩石力学与工程研究著作丛书"编者的话

近 20 年来，随着我国许多举世瞩目的岩石工程不断兴建，岩石力学与工程学科各领域的理论研究和工程实践得到较广泛的发展，科研水平与工程技术能力得到大幅度提高。在岩石力学与工程基本特性、理论与建模、智能分析与计算、设计与虚拟仿真、施工控制与信息化、测试与监测、灾害性防治、工程建设与环境协调等诸多学科方向与领域都取得了辉煌成绩。特别是解决岩石工程建设中的关键性复杂技术疑难问题的方法，973 计划、863 计划、国家自然科学基金等重大、重点课题研究成果，为我国岩石力学与工程学科的发展发挥了重大的推动作用。

应科学出版社诚邀，由国际岩石力学学会副主席、岩土力学与工程国家重点实验室主任冯夏庭教授和黄理兴研究员策划，先后在武汉市与葫芦岛市召开"岩石力学与工程研究著作丛书"编写研讨会，组织我国岩石力学工程界的精英们参与本丛书的撰写，以反映我国近期在岩石力学与工程领域研究取得的最新成果。本丛书内容涵盖岩石力学与工程的理论研究、试验方法、试验技术、计算仿真、工程实践等各个方面。

本丛书编委会编委由 75 位来自全国水利水电、煤炭石油、能源矿山、铁道交通、资源环境、市镇建设、国防科研领域的科研院所、大专院校、工矿企业等单位与部门的岩石力学与工程界精英组成。编委会负责选题的审查，科学出版社负责稿件的审定与出版。

在本丛书的策划、组织与出版过程中，得到了各专著作者与编委的积极响应；得到了各界领导的关怀与支持，中国岩石力学与工程学会理事长钱七虎院士特为丛书作序；中国科学院武汉岩土力学研究所冯夏庭教授、黄理兴研究员与科学出版社刘宝莉编辑做了许多烦琐而有成效的工作，在此一并表示感谢。

"21 世纪岩土力学与工程研究中心在中国"，这一理念已得到世人的共识。我们生长在这个年代里，感到无限的幸福与骄傲，同时我们也感觉到肩上的责任重大。我们组织编写这套丛书，希望能真实反映我国岩石力学与工程的现状与成果，希望对读者有所帮助，希望能为我国岩石力学学科发展与工程建设贡献一份力量。

"岩石力学与工程研究著作丛书"

编辑委员会

2007 年 11 月 28 日

前　　言

随着国家各项重大工程建设的开展，各类岩体工程的数量和规模都逐渐增大，岩体工程的动态稳定性分析受到广泛重视。岩体工程施工过程中通常会产生动载荷，动载荷会以应力波的形式在岩体内传播，影响岩体的稳定性。岩体工程动态稳定性分析与控制是工程建设亟须解决的难题，应力波在节理裂隙岩体内传播规律的研究是解决该工程难题的关键科学问题之一。因此，岩体内应力波传播的分析方法一直受到广泛重视。本书在广泛调研和深入分析国内外关于岩体内应力波传播研究的基础上，重点介绍了节理裂隙岩体内应力波传播理论与分析方法。

本书首先介绍了细观裂隙岩体和宏观节理岩体内应力波传播的研究背景，概括了研究应力波在岩体内传播规律的两类方法：等效连续介质方法和位移不连续方法。其次，基于应力波传播的基本理论，阐述了应力波作用下岩体的动态本构关系，主要包括宏观节理的变形模型，以及细观裂隙岩体的等效黏弹性模型。最后，基于岩体内应力波传播的等效连续介质方法、位移不连续方法以及均一不连续分析方法，揭示了节理裂隙岩体内应力波的传播规律。本书兼顾理论分析和试验研究，在篇章结构上根据学科内容体系的特点，力求系统性、完整性、前沿性。通过对本书的学习，读者将对岩体内应力波的传播有比较深入和全面的了解，为今后从事相关科研工作打下一定的基础。

本书的相关研究工作得到了国家自然科学基金面上项目 (11302191、11572282 和 51778021) 和北京市杰出青年科学基金项目 (JQ20039) 的资助，作者在此表示衷心感谢。

由于作者水平有限，书中难免存在不足之处，敬请各位同行和读者批评指正。

目　　录

"岩石力学与工程研究著作丛书"序

"岩石力学与工程研究著作丛书"编者的话

前言

第1章　绪论 ……………………………………………………… 1
1.1　等效连续介质方法 ……………………………………… 2
1.2　位移不连续方法 ………………………………………… 3
第2章　应力波传播的基本理论 ……………………………… 6
2.1　应力波的基本概念 ……………………………………… 6
2.2　一维应力波的传播 ……………………………………… 7
2.2.1　一维应力波的控制方程 …………………………… 7
2.2.2　求解应力波的特征线方法 ………………………… 9
2.3　应力波的反射和透射 …………………………………… 10
2.3.1　一维应力波在不同介质界面上的反射和透射 …… 10
2.3.2　一维应力波在固定端和自由端的反射 …………… 12
第3章　应力波作用下岩体的动态本构关系 ………………… 14
3.1　节理的动态本构关系 …………………………………… 14
3.1.1　节理的线性本构模型 ……………………………… 14
3.1.2　节理的非线性本构模型 …………………………… 14
3.2　细观裂隙岩体的本构关系 ……………………………… 19
3.2.1　Maxwell 模型和 Voigt 模型 ……………………… 19
3.2.2　标准线性固体模型 ………………………………… 21
第4章　岩体内应力波传播的等效连续介质方法 …………… 23
4.1　节理岩体内应力波传播的等效连续介质方法 ………… 23
4.1.1　线性等效黏弹性连续介质方法 …………………… 23
4.1.2　非线性等效黏弹性连续介质方法 ………………… 25
4.2　细观裂隙岩体内应力波传播的等效连续介质方法 …… 32

　　　4.2.1　细观裂隙岩体内应力波传播的摆锤冲击试验 ················· 32
　　　4.2.2　细观裂隙岩体内应力波传播的数值模拟 ····················· 59
　　　4.2.3　细观裂隙岩体内应力波传播的三特征线分析方法 ············· 65

第 5 章　岩体内应力波传播的位移不连续方法 ······························ 70
　5.1　线性变形节理岩体内应力波传播的位移不连续方法 ··············· 70
　　　5.1.1　时域分析方法 ··· 70
　　　5.1.2　频域分析方法 ··· 74
　5.2　非线性变形节理岩体内应力波传播的位移不连续方法 ············· 77
　5.3　复杂岩体内应力波传播的位移不连续方法 ······················· 79
　　　5.3.1　改进的特征线方法 ··· 80
　　　5.3.2　应力波在复杂岩体内的透射规律 ····························· 82
　　　5.3.3　影响复杂岩体内应力波传播特性的主要参数分析 ············· 85
　5.4　多条平行节理岩体内应力波传播的位移不连续方法 ··············· 91

第 6 章　岩体内应力波传播的均一不连续分析方法 ·························· 95
　6.1　含细观裂隙和线性宏观节理的岩体内应力波传播的改进位
　　　　移不连续方法 ··· 95
　　　6.1.1　改进的位移不连续方法 ····································· 95
　　　6.1.2　细观裂隙岩体的等效黏弹性特性 ····························· 96
　6.2　含细观裂隙和线性宏观节理的岩体内应力波传播的分离式
　　　　三特征线方法 ··· 98
　　　6.2.1　分离式三特征线 ··· 98
　　　6.2.2　同时含细观裂隙和线性宏观节理的岩体内应力波的传播 ········ 103
　6.3　含细观裂隙和非线性宏观节理的岩体内应力波传播的分离
　　　　式三特征线方法 ··· 109
　　　6.3.1　分段线性位移不连续模型 ··································· 109
　　　6.3.2　引入分段线性位移不连续模型的分离式三特征线方法 ········· 112
　　　6.3.3　含细观裂隙和非线性宏观节理的岩体内应力波的传播 ········· 113
　6.4　含细观裂隙和宏观节理的岩体内多脉冲应力波传播的分离
　　　　式三特征线方法 ··· 117
　　　6.4.1　循环载荷作用下宏观节理的力学模型 ······················· 117
　　　6.4.2　引入循环载荷作用下宏观节理力学模型的分离式三特征线
　　　　　　　方法 ··· 119
　　　6.4.3　含细观裂隙和宏观节理的岩体内多脉冲应力波的传播 ········· 122

6.5　含细观裂隙和填充宏观节理的岩体内应力波传播的双网格
　　　三特征线方法 ·· 126
　　6.5.1　填充宏观节理岩体内应力波的传播 ···························· 126
　　6.5.2　双网格三特征线方法 ··· 132
　　6.5.3　含细观裂隙和填充宏观节理的岩体内应力波的传播 ············ 139

参考文献 ·· 142

第1章 绪 论

随着我国国民经济的快速发展，一大批重大岩体工程已建、在建或拟建。岩体在施工和运营过程中不可避免地会受到动载荷的影响，例如，在隧道、矿山巷道、边坡以及岩质地基等工程中，采用爆破法施工时会产生动载荷，深部岩体工程中岩爆和冲击地压也会产生动载荷。岩体工程产生的动载荷以应力波的形式在岩体内传播。应力波在岩体内的传播会导致一系列的动力灾害，从而影响岩体工程的稳定性。研究岩体内应力波传播规律是岩体工程动态稳定性分析的基础。

岩体是漫长地质演化过程中形成的天然材料，具有不连续性、非均质性和各向异性等特性。岩体经受地质作用后会产生各种尺度的不连续结构面，例如宏观节理和细观裂隙等，如图1.1所示。其中，细观裂隙为几何尺寸相对应力波波长而言较小的不连续结构面，宏观节理为几何尺寸相对应力波波长而言较大的不连续结构面。岩体的力学特性受不连续结构面的物理特性和几何尺寸支配，不连续面的存在不仅会使岩体的整体强度降低还会影响应力波的传播。

岩体内宏观节理会导致应力波的透射和反射。细观裂隙会导致应力波幅值的衰减和波形的弥散。当岩体内宏观节理和细观裂隙共同作用时，

(a) 岩体内宏观节理

(b) 岩体内细观裂隙

图 1.1   天然岩体

应力波在岩体内的传播规律极其复杂，会发生衰减、弥散和滞后等现象，进而影响岩体工程的稳定性。因此，研究应力波在岩体内的传播规律对岩体工程建设具有重要意义。

目前，岩体内的宏观节理和细观裂隙对应力波传播规律的影响已被广泛研究。应力波在岩体内传播规律的研究方法主要有两大类：等效连续介质方法和位移不连续方法。

1.1   等效连续介质方法

等效连续介质方法是将岩体等效地看作连续均匀的介质，通过连续介质与岩体的数学比拟引入有效模量来建立等效连续介质与实际岩体之间的联系，进而考虑节理裂隙对岩体动态力学性能的影响[1-33]。根据比拟方式的不同，等效连续介质方法可以进一步分为静态等效连续介质方法和动态等效连续介质方法。静态等效连续介质方法通常根据不连续结构面的分布情况和力学特性来推导有效模量。采用静态等效连续介质方法，Zhao 等[34]确定了含小间距平行节理岩体的有效模量，分析了节理对应力波传播规律的影响。节理的存在会导致岩体材料的各向异性，Schoenberg[35]提出了等效横观各向同性模型来表征包含一组平行节理的岩体。该模型采用五个有效模量高效地反映了岩石的弹性特性、节理间距和节理刚度等对应力波传播的影响，并准确预测了应力波通过一组平行节理岩体的传播波速。为了更精确地表征岩体的动态力学特性，动态等效连续介质方法通常根据地震活动度和岩体内波传播速度来推导有效模量。Thomsen[36]使用动态等效连续介质方法,研究了应力波斜入射通过各向异性介质的传播规律,推导了各向异性介质内应力波传播的速度表达式,讨论了应力波传播速度与入射角的关系。

等效连续介质方法可得到透射波的显式表达式。早期使用该方法研究应力波传播规律时,通常将岩体等效为弹性连续介质,该方法存在两个局限性:①不能真实反映应力波通过非连续岩体的衰减机制;②不能完全反映岩体的动态力学特性,例如应力波传播的频率依赖性[37-39]。

基于地震波在天然节理岩体内的传播规律,Pyrak-Nolte 等[40]使用等效黏弹性连续介质方法研究了应力波在岩体内传播的衰减规律,并且讨论了应力波传播的频率依赖性。Cook[41]指出可将节理岩体等效为黏弹性连续介质。等效连续介质方法无法考虑应力波在节理处的反射特性,为了解决这一问题,Li 等[28]提出了线性等效黏弹性连续介质方法结合虚拟波源研究含平行节理岩体内应力波的传播规律,该方法采用线性等效黏弹性连续介质得到了应力波通过含平行节理岩体的透射波波形,精确预测了应力波在岩体内传播的透射规律。同时,该方法采用虚拟波源来模拟应力波在平行节理之间的多次反射。Li 等[28]采用该方法准确预测了应力波通过平行节理岩体的波形弥散、幅值衰减和频率依赖性,描述了应力波通过含一组平行节理岩体的透反射机制。为了研究应力波在含非线性节理岩体内的传播规律,Fan 等[42]提出了非线性等效黏弹性连续介质方法,采用分段线性模型来考虑节理的非线性变形行为。Li 等[43-45]的研究表明,应力波在含非线性平行节理岩体内传播时,不仅具有频率依赖性还具有幅值依赖性。

1.2　位移不连续方法

位移不连续方法通常假设节理两侧的应力场是连续的,而位移场是不连续的[46-53]。位移场的不连续是由节理的变形引起的,其大小为节理的闭合量。该方法可以有效地反映节理岩体内应力波传播的透反射规律,并且可以较准确地计算节理厚度相对应力波波长较小的岩体中质点的应力、应变和速度。

根据节理变形特性的不同,位移不连续方法可分为线性位移不连续方法和非线性位移不连续方法。当应力波幅值较小时,节理通常表现为线性变形,可采用线性位移不连续方法来研究应力波通过线性变形节理岩体的传播规律[54-59]。Myer 等[60]通过室内试验研究了岩体节理面部分接触的情况,通过调整接触区面积改变线性位移不连续模型中的节理刚度,研究表明基于线性位移不连续方法求得的透射波理论预测值与试验结果具有较高的一致性。在此基础上,Pyrak-Nolte[61]将线性位移不连续方法推广至应力波斜入射通过单个线性变形节理的研究,得到了任意入射角度的简谐波透反射系数的解析解。Gu 等[62]研究了简谐波以任意角度入射单个线性变形节理时所产生的透射、反射和波形转换等现象,并通过理论推导求得透射系数和反射系数的解析解。研究发现幅值的衰减和波形的弥散与应力波频率、节理刚度和岩石泊松比密切相关。线性位移不连续方法适用于入射波幅值较小且节理非线性效应可忽略不计的情况,该方法在无损物理探测或爆破远场动力特性分析时较为常用[63-67]。

当应力波幅值较大或节理内含填充物时,节理通常表现为非线性变形,需要采用非线性位移不连续方法来研究应力波通过非线性变形节理岩体的传播规律[68-76]。主要采用改进准静态或循环载荷下节理的非线性模型来研究应力波通过非线性变形节理岩体的传播规律,例如 Goodman 双曲线模型[77]、BB 模型[70]、指数函数模型[78]等。其中,BB 模型能简捷准确地反映节理的非线性变形特性,并且容易通过试验获得模型参数,因此,被广泛地应用于研究应力波在非线性变形节理岩体内的传播规律。基于该模型,赵坚等[79]研究了应力波法向入射通过单条非线性变形节理的透反射规律,得到了透射波和反射波的差分形式解。研究结果表明,应力波通过非线性变形节理的透射特性不仅受应力波频率和节理刚度的影响,还受应力波幅值、节理闭合量的影响。随后,Zhao 等[26]将该研究推广至应力波通过多条非线性平行节理岩体的情况,研究了节理间距和节理数量对应力波透射规律的影响。

特征线方法可以在时域内快速地求解偏微分方程，Cai 等[80]将特征线方法与位移不连续模型相结合求解了应力波通过节理岩体的控制方程，获得了不同入射波通过节理时的透射系数和反射系数的显式差分解。特征线方法适用于求解应力波通过线性变形节理和非线性变形节理的传播规律，该方法便于计算机编程，实现应力波传播的高效计算。

第 2 章　应力波传播的基本理论

本章介绍应力波的基本概念、应力波传播的波动方程以及求解波动方程的特征线方法,研究应力波在固定端、自由端和不同介质界面处的透反射规律。

2.1　应力波的基本概念

1. 应力波的定义

当动载荷作用于可变形固体的局部表面时,直接受动载荷作用的表面质点因变形离开初始平衡位置,与相邻质点发生了相对运动。表面质点受到了相邻质点所给予的作用力,同时相邻质点受到表面质点的反作用力离开初始平衡位置。由于质点的惯性,相邻质点的运动将滞后于表面质点的运动。依此类推,动载荷在表面引起的扰动将在介质内传播,这种由近及远的扰动称为介质内的应力波。其中扰动与未扰动的分界面称为波阵面,扰动的传播速度称为波速。

2. 应力波的类型

(1) 根据质点振动方向与波传播方向的关系,应力波可以分为纵波(P波)和横波(S 波)。其中,纵波的质点振动方向与波传播方向平行,横波的质点振动方向与波传播方向垂直。

(2) 根据应力波与界面的相互作用,应力波可以分为瑞利波、勒夫波和斯通莱波。其中,瑞利波是出现在弹性半空间或弹性分层半空间附近的界面波,勒夫波是弹性分层半空间内的 SH 波叠加所形成的界面波,斯通莱波是沿两种不同介质交界面传播的界面波。

(3) 根据应力的大小及介质的变形特性,应力波可以分为弹性波和弹塑性波等。其中,弹性波作用后介质产生的变形可以完全恢复,弹塑性波作用后介质产生的变形不可完全恢复，存在残余变形。

(4) 根据波源特性和波阵面形状，应力波可以分为平面波、柱面波和球面波。其中，平面波波源为平面载荷，柱面波波源为线载荷，球面波波源为点载荷。

(5) 根据应力特征，应力波可以分为拉伸波、压缩波、弯曲波、剪切波和扭转波。

(6) 根据传播介质的几何特性，应力波可以分为一维波、二维波(平面波)和三维波(空间波)。

2.2　一维应力波的传播

2.2.1　一维应力波的控制方程

通常基于运动方程、连续方程以及材料本构方程建立一维波传播的控制方程。本构方程由材料特性决定，运动方程和连续方程可以由以下方法求得。

设杆的初始截面积为 A_0，初始密度为 ρ_0，选取变形前($t=0$ 时)任一微元 dx 进行受力分析，如图 2.1 所示。对于微元 dx，假设 R-R 截面上总作用力为 $P(x,t)$，则 S-S 截面上总作用力可表示为

$$P\left(x+\mathrm{d}x,t\right)=P\left(x,t\right)+\frac{\partial P(x,t)}{\partial x}\mathrm{d}x \tag{2.1}$$

式中，t 为时间；x 为质点坐标。

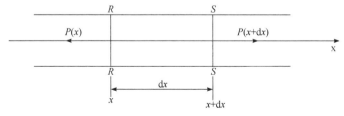

图 2.1　一维杆中的应力波传播

根据牛顿第二定律可得

$$\rho_0 A_0\mathrm{d}x\frac{\partial v}{\partial t}=P\left(x+\mathrm{d}x,t\right)-P\left(x,t\right)=\frac{\partial P}{\partial x}\mathrm{d}x \tag{2.2}$$

将 $\sigma = P/A_0$ 代入式(2.2)，求得运动方程为

$$\rho_0 \frac{\partial v}{\partial t} = \frac{\partial \sigma}{\partial x} \tag{2.3}$$

式中，v 为速度；σ 为应力。

应变 ε 和速度 v 分别是位移 u 对 x 和 t 的一阶导数，根据位移 u 的单值连续条件可得到关于 ε 和 v 的连续方程为

$$\frac{\partial v}{\partial x} = \frac{\partial \varepsilon}{\partial t} \tag{2.4}$$

假设应力 σ 只是应变 ε 的函数，材料的本构方程可表示为

$$\sigma = \sigma(\varepsilon) \tag{2.5}$$

基于运动方程(2.3)、连续方程(2.4)和本构方程(2.5)建立控制方程，并结合给定的初始条件和边界条件，求得三个未知量 $\sigma(x,t)$、$\varepsilon(x,t)$ 和 $v(x,t)$，即可求解一维应力波传播问题。

$\sigma(\varepsilon)$ 是连续可微函数，对 x 的偏导数可表示为

$$\frac{\partial \sigma}{\partial x} = \frac{\mathrm{d}\sigma}{\mathrm{d}\varepsilon}\frac{\partial \varepsilon}{\partial x} = \frac{\mathrm{d}\sigma}{\mathrm{d}\varepsilon}\frac{\partial^2 u}{\partial x^2} \tag{2.6}$$

将式(2.6)代入式(2.3)，可得

$$\frac{1}{\rho_0}\frac{\mathrm{d}\sigma}{\mathrm{d}\varepsilon}\frac{\partial^2 u}{\partial x^2} = \frac{\partial^2 u}{\partial t^2} \tag{2.7}$$

令

$$C_P^2 = \frac{1}{\rho_0}\frac{\mathrm{d}\sigma}{\mathrm{d}\varepsilon} \tag{2.8}$$

式中，C_P 为波速。

因此，求解以位移 u 为未知量的二阶偏微分方程，即波动方程为

$$\frac{\partial^2 u}{\partial t^2} - C_P^2 \frac{\partial^2 u}{\partial x^2} = 0 \tag{2.9}$$

式(2.9)结合初始条件和边界条件可求解任一截面处的应力、应变和速度。

2.2.2　求解应力波的特征线方法

波动方程(2.9)是以位移 u 为未知量的二阶偏微分方程，可采用特征线方法求解。其中特征线方法中的特征线方程可根据方向导数方法求得。方向导数方法可理解为，如果能把二阶偏微分方程或等价的一阶偏微分方程组的线性组合化为只包含沿自变量平面 (x, t) 上某曲线 L 的方向导数的形式，则该曲线为相应偏微分方程的特征线。现假设位移 u 沿着曲线 $L(x, t)$ 方向的一阶偏导数 ε 和 v 的微分可分别表示为

$$d\varepsilon = \frac{\partial \varepsilon}{\partial x}dx + \frac{\partial \varepsilon}{\partial t}dt = \frac{\partial^2 u}{\partial x^2}dx + \frac{\partial^2 u}{\partial t \partial x}dt \qquad (2.10)$$

$$dv = \frac{\partial v}{\partial x}dx + \frac{\partial v}{\partial t}dt = \frac{\partial^2 u}{\partial x \partial t}dx + \frac{\partial^2 u}{\partial t^2}dt \qquad (2.11)$$

式中，dt 为曲线 $L(x, t)$ 上的微元 dL 在 t 轴上的分量；dx 为曲线 $L(x, t)$ 上的微元 dL 在 x 轴上的分量；dx/dt 为曲线 L 在 (x, t) 点的斜率。

若曲线 $L(x, t)$ 为波动方程(2.9)的特征线，则存在 λ 使得式(2.12)成立：

$$dv + \lambda d\varepsilon = \frac{\partial^2 u}{\partial t^2}dt + \left(\lambda dt + dx\right)\frac{\partial^2 u}{\partial x \partial t} + \lambda \frac{\partial^2 u}{\partial x^2}dx = 0 \qquad (2.12)$$

式中，λ 为待定系数。

将式(2.12)与式(2.9)进行对比，应该满足下列关系：

$$\frac{1}{dt} = \frac{0}{\lambda dt + dx} = -\frac{C_P{}^2}{\lambda dx} \qquad (2.13)$$

由式(2.13)中第一个等式得 $\lambda = -dx/dt$，由第二个等式得 $dx/dt = \pm C_P$，第二个等式也可以表示为

$$dx = \pm C_p dt \qquad (2.14)$$

式(2.14)为特征线微分方程，对其进行积分可得特征线。"+""–"分别表示在平面 (x, t) 上任意一点存在右行、左行两族特征线。

把式(2.14)代入式(2.13)，得 $\lambda = \mp C_P$，于是式(2.9)和式(2.12)可以简化为只包含沿特征线方向的常微分方程，即

$$dv = \pm C_p d\varepsilon \qquad (2.15)$$

式(2.15)规定了任意特征线上 v 和 ε 必须满足的相互制约关系，即特征线上的相容关系。通过求解特征线方程式(2.14)和相应的相容关系式(2.15)的常微分方程问题，即可获得偏微分方程式(2.9)的解析解。

2.3 应力波的反射和透射

2.3.1 一维应力波在不同介质界面上的反射和透射

弹性波从介质 1 垂直入射(传播方向垂直于界面)到介质 2 时，由于两种介质的波阻抗不相同，在界面处弹性波将发生反射和透射，其中返回介质 1 的应力波为反射波，进入介质 2 的应力波为透射波，应力波的反射和透射与介质的波阻抗相关。

假设当弹性波通过不同介质的界面时，界面始终保持接触(既能承压又能承拉且不分离)。根据连续条件和牛顿第三定律，界面两侧的质点速度和应力相等，可分别表示为

$$v_i + v_r = v_t \tag{2.16}$$

$$\sigma_i + \sigma_r = \sigma_t \tag{2.17}$$

式中，下角标 i 表示入射波，r 表示反射波，t 表示透射波。

根据动量守恒条件，求解在应力波作用下的质点速度。如图 2.1 所示，微元 dx 在 dt 时间内产生的动量增量等于 dt 时间内外力所产生的冲量。微元 dx 的动量守恒表达式为

$$\rho_0 A_0 \mathrm{d}x \mathrm{d}v = \left[P(x + \mathrm{d}x, t) - P(x, t) \right] \mathrm{d}t \tag{2.18}$$

将式(2.2)代入式(2.18)，可得

$$\mathrm{d}\sigma = \pm \rho_0 C_P \mathrm{d}v \tag{2.19}$$

式中，"+"为沿 x 正方向传播的应力波；"−"为沿 x 负方向传播的应力波。

当弹性波到达界面左侧时，根据式(2.19)可知在入射波作用下质点的速度为

$$v_i = \frac{\sigma_i}{(\rho_0 C_P)_1} \tag{2.20}$$

式中，$(\rho_0 C_P)_1$ 为介质 1 的波阻抗。

当弹性波到达界面产生反射波。根据式(2.19)可知在反射波作用下质点的速度为

$$v_r = -\frac{\sigma_r}{(\rho_0 C_P)_1} \tag{2.21}$$

当弹性波通过界面产生透射波。根据式(2.19)可知在透射波作用下质点的速度为

$$v_t = \frac{\sigma_t}{(\rho_0 C_P)_2} \tag{2.22}$$

式中，$(\rho_0 C_P)_2$ 为介质 2 的波阻抗。

将式(2.20)~式(2.22)代入式(2.16)，可得

$$\frac{\sigma_i}{(\rho_0 C_P)_1} - \frac{\sigma_r}{(\rho_0 C_P)_1} = \frac{\sigma_t}{(\rho_0 C_P)_2} \tag{2.23}$$

式(2.23)与式(2.17)联立求解，可得反射应力 σ_r、反射速度 v_r、透射应力 σ_t 和透射速度 v_t 分别为

$$\begin{cases} \sigma_r = \dfrac{(\rho_0 C_P)_2 - (\rho_0 C_P)_1}{(\rho_0 C_P)_2 + (\rho_0 C_P)_1} \sigma_i \\[4mm] v_r = -\dfrac{(\rho_0 C_P)_2 - (\rho_0 C_P)_1}{(\rho_0 C_P)_2 + (\rho_0 C_P)_1} v_i \end{cases} \tag{2.24}$$

$$\begin{cases} \sigma_t = \dfrac{2(\rho_0 C_P)_2}{(\rho_0 C_P)_1 + (\rho_0 C_P)_2} \sigma_i \\[4mm] v_t = \dfrac{2(\rho_0 C_P)_1}{(\rho_0 C_P)_1 + (\rho_0 C_P)_2} v_i \end{cases} \tag{2.25}$$

令

$$\begin{cases} F = \dfrac{(\rho_0 C_P)_2 - (\rho_0 C_P)_1}{(\rho_0 C_P)_1 + (\rho_0 C_P)_2} \\[4mm] T = \dfrac{2(\rho_0 C_P)_2}{(\rho_0 C_P)_1 + (\rho_0 C_P)_2} \end{cases} \tag{2.26}$$

式中，F 为反射系数；T 为透射系数。

F 与 T 的关系为

$$T = 1 + F \tag{2.27}$$

则式(2.24)与式(2.25)可分别表示为

$$\begin{cases} \sigma_r = F\sigma_i \\ v_r = -Fv_i \end{cases} \tag{2.28}$$

$$\begin{cases} \sigma_t = T\sigma_i \\ v_t = \dfrac{(\rho_0 C_P)_1}{(\rho_0 C_P)_2} T v_i \end{cases} \tag{2.29}$$

根据式(2.26)可知，T 为正值。透射波的应力(速度)和入射波的应力(速度)同号。F 的正负取决于两种介质波阻抗的相对大小，F 的正负分为两种情况来讨论：

(1) 当 $(\rho_0 C_P)_1 < (\rho_0 C_P)_2$ 时，$F > 0$。反射波的应力(速度)和入射波的应力(速度)同号。此时，$T > 1$，表明应力波从波阻抗小的介质进入波阻抗大的介质时会发生应力和质点速度放大的现象。

(2) 当 $(\rho_0 C_P)_1 > (\rho_0 C_P)_2$ 时，$F < 0$。反射波的应力(速度)和入射波的应力(速度)异号。此时，$T < 1$，表明应力波从波阻抗大的介质进入波阻抗小的介质时会发生应力和质点速度减小的现象。

综上所述，即使两种不同的介质 ρ_0 和 C_P 各不相同，只要其波阻抗相同，即 $(\rho_0 C_P)_1 = (\rho_0 C_P)_2$ 时，弹性波在通过不同介质的界面时将不产生反射。

2.3.2　一维应力波在固定端和自由端的反射

一维应力波在固定端和自由端的反射可以看作是在不同介质界面上反射的特殊情况。当应力波在自由端面发生反射，即$(\rho_0 C_P)_2 \to 0$ 时，$T = 0$，$F = -1$。此时，式(2.24)可表示为

$$\begin{cases} \sigma_r = -\sigma_i \\ v_r = v_i \end{cases} \tag{2.30}$$

因此，应力波在自由端面反射时 $\sigma_i = -\sigma_r$，质点速度 $v = v_i + v_r$，即在

自由端面处，总应力为零而质点速度加倍。此时，压缩波反射为拉伸波，拉伸波反射为压缩波。

当应力波在固定端面发生反射，即 $(\rho_0 C_P)_2 \to \infty$ 时，$T = 2$，$F = 1$。此时，式(2.24)可表示为

$$\begin{cases} \sigma_r = \sigma_i \\ v_r = -v_i \end{cases} \tag{2.31}$$

因此，应力波在固定端面反射时 $v_i = -v_r$，总应力 $\sigma = \sigma_i + \sigma_r$，即在固定端面处，质点速度为零而应力加倍。此时，压缩波反射为压缩波，拉伸波反射为拉伸波。

第3章　应力波作用下岩体的动态本构关系

本章介绍节理的本构关系以及细观裂隙岩体的本构关系。基于静态、准静态条件下节理法向变形关系，系统阐述 Goodman 双曲线模型、Kulhaway 双曲线模型、BB 模型、指数函数模型、幂函数模型。基于动态条件下节理法向变形关系，系统阐述动态 BB 模型、三相介质模型。针对应力波作用下细观裂隙岩体的本构关系，系统阐述一系列的等效连续介质模型，例如 Maxwell 模型、Voigt 模型和标准线性固体模型等。

3.1　节理的动态本构关系

当应力波在岩体内传播时，节理会发生线性或非线性的变形，导致应力波波速下降和振幅衰减等现象[81-97]。因此，节理的动态本构关系对岩体内应力波的传播有重要作用。

3.1.1　节理的线性本构模型

节理的线性本构关系可由节理闭合量(张开量)与节理法向应力的关系来描述。当应力波的幅值较小时，节理通常会产生线性变形，此时节理两侧位移差等于节理法向应力与节理刚度的比值

$$u^- - u^+ = \frac{\sigma_n}{k_n} \tag{3.1}$$

式中，σ_n 为法向应力；u 为节理的法向位移；上角标"+"和"–"分别表示节理前后的力学参数；k_n 为节理的刚度。

3.1.2　节理的非线性本构模型

当应力波的幅值较大时，节理通常会发生非线性变形，节理闭合量

(张开量)与节理法向应力的关系曲线会呈现非线性特点。当法向应力较小时，变形较小，曲线的斜率较小，曲线近似呈线性变化。随着法向应力的增大，斜率逐渐增大，曲线会呈现明显的非线性特性。研究者提出一些经验模型描述节理的非线性本构关系[98-103]。

1. Goodman 双曲线模型

Goodman[104]采用双曲函数拟合结构面法向应力与闭合变形之间的本构关系，并把闭合曲线的非线性变形归结为接触微凸体的非线性压碎和张裂。假定节理没有抗拉强度，节理法向最大闭合量小于节理的厚度 e_0，结构面法向应力与闭合变形之间的本构关系可表示为

$$\sigma_n = \frac{\sigma_{ni} d_n}{d_{max} - d_n} + \sigma_{ni} \tag{3.2}$$

式中，σ_n 为法向应力；σ_{ni} 为初始法向应力；d_n 为节理法向闭合量；d_{max} 为节理最大允许闭合量。

1976 年，Goodman[69]基于室内试验，进一步修正了该模型：

$$\frac{\sigma_n - \sigma_{ni}}{\sigma_{ni}} = A\left(\frac{d_n}{d_{max} - d_n}\right)^t \tag{3.3}$$

式中，A 和 t 为两个材料参数。

2. Kulhawy 双曲线模型

Kulhawy[68]采用双曲函数模拟节理在三轴压缩条件下的应力-应变关系，即

$$\sigma_n = \frac{\varepsilon}{a + b\varepsilon} \tag{3.4}$$

式中，a 和 b 为材料参数；ε 为法向应变。

3. BB 模型

Bandis 等[70]和 Barton 等[105]开展了大量的岩体室内试验，根据土和岩石在三轴压缩下的应力-应变关系，改进了 Goodman 双曲线模型和 Kulhaway 双曲线模型，提出了节理法向变形本构关系的修正双曲线模

型，即 Barton-Bandis(BB) 模型。在法向载荷作用下，节理的 BB 模型可表示为

$$\sigma_n = \frac{k_{ni}d_n}{1 - \dfrac{d_n}{d_{max}}} \tag{3.5}$$

式中，k_{ni} 为初始应力作用下节理的法向刚度；d_{max} 为节理的最大允许闭合量。

节理的初始法向刚度 k_{ni} 和最大允许闭合量 d_{max} 可根据室内试验或现场测量由经验公式得到

$$k_{ni} = 0.0178\frac{JCS}{a_j} + 1.748JRC - 7.155 \tag{3.6}$$

$$d_{max} = A\left(\frac{JCS}{a_j}\right)^D + B \cdot JRC + C \tag{3.7}$$

式中，a_j 为节理宽度；A、B、C 和 D 为根据统计方法获得的材料参数；JCS 为节理压缩强度；JRC 为节理粗糙度系数。

对式(3.5)求导，得到 BB 模型的节理刚度 k_n，即

$$k_n = \frac{\partial \sigma_n}{\partial d_n} = \frac{k_{ni}}{\left(1 - \dfrac{d_n}{d_{max}}\right)^2} \tag{3.8}$$

BB 模型便于从试验中获取参数，在岩石力学与工程领域中被广泛应用。在实际使用过程中，通常规定节理的闭合量为正，节理的张开量为负。

图 3.1 为节理的线性本构模型与双曲线本构模型的示意图[105]。可以看出，线性本构模型中节理刚度为常数，而双曲线本构模型中节理刚度随着法向应力的增大而增大。当法向应力无限大时，节理闭合量趋近于最大允许闭合量 ($d_n \rightarrow d_{max}$)。

4. 指数函数模型

Malama 等[78]采用指数函数模型来描述准静态条件下节理的法向变形关系，即

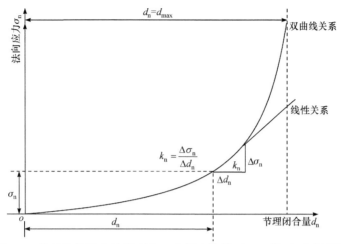

图 3.1　节理的线性本构模型和双曲线本构模型(BB 模型)示意图[105]

$$d_\mathrm{n} = d_\mathrm{max}\left[1 - \exp\left(-\frac{\sigma_\mathrm{n}}{k_\mathrm{ni} d_\mathrm{max}}\right)\right] \tag{3.9}$$

对式(3.9)求导，得到指数模型的节理刚度 k_n，即

$$k_\mathrm{n} = \frac{\partial \sigma_\mathrm{n}}{\partial d_\mathrm{n}} = \frac{k_\mathrm{ni}}{1 - \dfrac{d_\mathrm{n}}{d_\mathrm{max}}} \tag{3.10}$$

经典的指数模型通常基于形态相似的角度对节理进行建模，具有一定的局限性。可采用统一指数模型来考虑中间应力的影响，即

$$d_\mathrm{n} = d_\mathrm{max}\left\{1 - \exp\left[-\left(\frac{\sigma_\mathrm{n}}{\sigma_{1/2}}\right)^n \ln 2\right]\right\} \tag{3.11}$$

式中，$\sigma_{1/2}$ 为 d_n 达到 $d_\mathrm{max}/2$ 时对应的 σ_n 值。

对式(3.11)求导，得到在中间应力作用下指数模型的节理刚度 k_n，即

$$k_\mathrm{n} = \frac{\sigma_{1/2}\left[\ln\left(\dfrac{d_\mathrm{max}}{d_\mathrm{max} - d_\mathrm{n}}\right)\right]^{\frac{1}{n}-1}}{n(\ln 2)^{\frac{1}{n}}(d_\mathrm{max} - d_\mathrm{n})} \tag{3.12}$$

5. 幂函数模型

Sun 等[106]基于 Hertzian 接触理论假设节理面峰值粗糙度分布符合幂

函数关系，提出了幂函数模型，即

$$d_n = \alpha \sigma_n^{\beta} \tag{3.13}$$

式中，α、β 为经验常数，且 $\beta < 1.0$。

幂函数模型在低应力水平下与试验结果吻合较好，因此该模型适用于描述节理刚度较小时节理的变形特性。

6. 动态 BB 模型

早期反映节理法向变形特性的模型通常基于节理的静态或准静态力学特性。研究者对节理的法向动态力学特性进行了研究，取得了较大的进展，提出了一系列节理的动态本构模型[107-110]。

Cai 等[108]采用动态单轴压力试验，对节理法向动态力学特性进行了研究。研究表明，节理的应变率为 $10^{-1} \sim 10^{0} \mathrm{s}^{-1}$ 时，节理法向应力和节理闭合量的关系仍符合双曲线规律，并建立了动态 BB 模型，即

$$d_{\max}^{\mathrm{d}} = d_{\max}^{0} \left(-b \ln \frac{\dot{\sigma}_{\mathrm{d}}}{\dot{\sigma}_{0}} + 1 \right) \tag{3.14}$$

式中，$d_{\max}^{\mathrm{d}}$ 为动态最大允许闭合量；$d_{\max}^{0}$ 为准静态最大允许闭合量；b 为动态最大允许闭合量的衰减率，为节理参数；$\dot{\sigma}_{\mathrm{d}}$ 为动态加载率；$\dot{\sigma}_{0}$ 为准静态加载率。

7. 三相介质模型

图 3.2 为填充了固体颗粒、水和空气的节理岩体代表单元[110]。在大多数现有的三相介质模型中，固体颗粒被认为是干燥的，在润湿过程中土壤颗粒的体积没有变化。根据实验室和原位测试结果[110]，发现土壤体积的变化与一定范围内土壤水分含量的变化有关，并且它们之间的关系是线性的。体积的变化会引起强度和变形特性的变化，进而影响介质的稳定性。

根据 Henrych 等[107]和 Wang 等[109]提出并推广的三相介质模型，Ma 等[110]将砂土、黏土填充的节理等效为黏弹性介质，基于各相的状态方程，可知三相介质的密度在压缩过程中随压力 p 的增大而增大。三相介质的密度可表示为

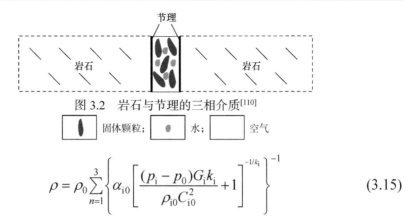

图 3.2 岩石与节理的三相介质[110]

■ 固体颗粒；● 水；□ 空气

$$\rho = \rho_0 \sum_{n=1}^{3} \left\{ \alpha_{i0} \left[\frac{(p_i - p_0)G_i k_i}{\rho_{i0} C_{i0}^2} + 1 \right]^{-1/k_i} \right\}^{-1} \qquad (3.15)$$

式中，α 为初始大气压下，固体颗粒、水和空气的体积比；C 为三相介质中的波速；G_i 为修正参数；ρ_0 为初始大气压下且修正参数 $G_i=1$ 时三相介质的密度；p 为压强；p_0 为初始大气压。

3.2 细观裂隙岩体的本构关系

应力波在细观裂隙岩体内传播时，会产生弥散和衰减，通常将细观裂隙岩体等效为黏弹性介质来研究应力波的传播。

采用线性弹性模型(胡克定律)描述最基本的弹性体单元的本构关系：

$$\sigma = E\varepsilon \qquad (3.16)$$

式中，E 为材料的弹性模量。

采用线性黏性模型(牛顿定律)描述最基本的黏性体单元的本构关系：

$$\sigma = \eta\dot{\varepsilon} \qquad (3.17)$$

式中，η 为材料的黏性系数。

通过适当组合可得实际材料的黏弹性本构模型，常见的黏弹性模型有 Maxwell 模型、Voigt 模型和标准线性固体模型。

3.2.1 Maxwell 模型和 Voigt 模型

1. Maxwell 模型

如图 3.3 所示，在 Maxwell 模型中，弹簧与黏壶串联，弹簧和黏壶所受的应力相等，即

$$\sigma = \sigma_E = \sigma_\eta \tag{3.18}$$

总应变为弹簧和黏壶的应变之和，即

$$\varepsilon = \varepsilon_E + \varepsilon_\eta \tag{3.19}$$

因此，总应变率为弹簧和黏壶应变率之和，即

$$\dot{\varepsilon} = \dot{\varepsilon}_E + \dot{\varepsilon}_\eta \tag{3.20}$$

将式(3.16)和式(3.17)代入式(3.20)，得到 Maxwell 模型的本构方程，即

$$\dot{\varepsilon} = \frac{\dot{\sigma}}{E_M} + \frac{\sigma}{\eta_M} \tag{3.21}$$

式中，E_M 为 Maxwell 模型中的弹性模量；η_M 为 Maxwell 模型中的黏性系数。

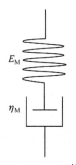

图 3.3　Maxwell 模型

2. Voigt 模型

如图 3.4 所示，在 Voigt 模型中，弹簧元件与黏壶并联，弹簧和黏壶的应变相等，即

$$\varepsilon = \varepsilon_E = \varepsilon_\eta \tag{3.22}$$

总应力为弹簧和黏壶的应力之和，即

$$\sigma = \sigma_E + \sigma_\eta \tag{3.23}$$

将式(3.16)和式(3.17)代入式(3.23)，得到 Voigt 模型的本构关系，即

$$\sigma = E_V\varepsilon + \eta_V\dot{\varepsilon} = E_V\varepsilon + \eta_V\frac{\partial \varepsilon}{\partial t} \tag{3.24}$$

式中，E_V 为 Voigt 模型中的弹性模量；η_V 为 Voigt 模型中的黏性系数。

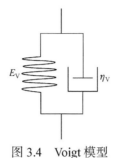

图 3.4 Voigt 模型

3.2.2 标准线性固体模型

标准线性固体模型是由 Maxwell 模型和弹簧 E_a 并联的三单元模型，如图 3.5(a) 所示，或由 Voigt 模型与弹簧 E'_a 串联的三单元模型，如图 3.5(b) 所示。

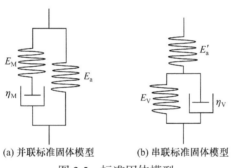

(a) 并联标准固体模型　　　　(b) 串联标准固体模型

图 3.5 标准固体模型

对于 Maxwell 模型与弹簧并联的并联标准固体模型，根据弹簧与黏壶的串联和并联关系，总应变率等于 Maxwell 模型的应变率，即

$$\dot{\varepsilon} = \dot{\varepsilon}_M = \dot{\varepsilon}_{M\eta} + \dot{\varepsilon}_{ME} = \frac{\sigma_M}{\eta_M} + \frac{\dot{\sigma}_M}{E_M}$$

$$= \frac{\sigma - \sigma_a}{\eta_M} + \frac{\dot{\sigma} - \dot{\sigma}_a}{E_M}$$

$$= \frac{\sigma - E_a \varepsilon_a}{\eta_M} + \frac{\dot{\sigma} - E_a \dot{\varepsilon}_a}{E_M}$$

$$= \frac{\sigma - E_a \varepsilon}{\eta_M} + \frac{\dot{\sigma} - E_a \dot{\varepsilon}}{E_M} \tag{3.25}$$

根据式(3.25)得到本构方程，即

$$E_M\sigma + \eta_M\dot{\sigma} = E_a E_M \varepsilon + (E_M + E_a)\eta_M\dot{\varepsilon} \tag{3.26}$$

对于 Voigt 模型与弹簧串联的串联标准固体模型，根据弹簧与黏壶的串联和并联关系，总应力等于 Voigt 模型的应力，即

$$
\begin{aligned}
\sigma = \sigma_V &= \sigma_{VE} + \sigma_{V\eta} \\
&= E_V \varepsilon_V + \eta_V \dot{\varepsilon}_V \\
&= E_V \left(\varepsilon - \varepsilon_a' \right) + \eta_V \left(\dot{\varepsilon} - \dot{\varepsilon}_a' \right) \\
&= E_V \left(\varepsilon - \frac{\sigma_a'}{E_a'} \right) + \eta_V \left(\dot{\varepsilon} - \frac{\dot{\sigma}_a'}{E_a'} \right) \\
&= E_V \left(\varepsilon - \frac{\sigma}{E_a'} \right) + \eta_V \left(\dot{\varepsilon} - \frac{\dot{\sigma}}{E_a'} \right)
\end{aligned} \tag{3.27}
$$

根据式(3.27)得到本构方程，即

$$\left(E_a' + E_V \right)\sigma + \eta_V\dot{\sigma} = E_a' E_V \varepsilon + E_a'\eta_V\dot{\varepsilon} \tag{3.28}$$

由式(3.28)和式(3.30)可知，当 $E_a' = E_M + E_a$、$E_V = E_a(1 + E_a/E_M)$、$\eta_V E_a E_M = \eta_M E_V E_a'$ 时，式(3.26)和式(3.28)相等。此时，图 3.5(a) 并联标准固体模型与图 3.5(b) 串联标准固体模型可相互转换。

第4章 岩体内应力波传播的等效连续介质方法

4.1 节理岩体内应力波传播的等效连续介质方法

4.1.1 线性等效黏弹性连续介质方法

本章主要讨论含线性变形节理岩体内的应力波传播问题，Voigt 模型与弹簧串联的三单元标准线性固体模型常被用来研究应力波在节理岩体内传播[28]。本章以串联型三单元标准线性固体模型为例进行讲解。

将本构关系式(3.28)对 x 求导，并将运动方程式(2.3)代入，可得

$$\rho\eta_\mathrm{V}\frac{\partial^2 v}{\partial t^2}+\rho\left(E'+E_\mathrm{V}\right)\frac{\partial v}{\partial t}-\eta_\mathrm{V}E'\frac{\partial^2 v}{\partial x^2}-E_\mathrm{V}E_\mathrm{a}'\int_0^\infty\frac{\partial^2 v}{\partial x^2}\mathrm{d}t=0 \qquad (4.1)$$

令 $\tau=\eta_\mathrm{V}/E_\mathrm{V}$，其谐波解为

$$v = A\exp\left(\beta x\right)\exp\left[\mathrm{i}\left(\omega t-\alpha x\right)\right] \qquad (4.2)$$

式中，A 为幅值；ω 为角频率。

将式(4.2)代入式(4.1)，可得

$$\left\{\begin{array}{l} \alpha = \left\{\dfrac{\rho\omega^2}{2E_\mathrm{c}E_\mathrm{a}'}\left[\left(\dfrac{E_\mathrm{a}'^2 + E_\mathrm{c}^2\omega^2\tau^2}{1+\omega^2\tau^2}\right)^{\frac{1}{2}} + \dfrac{E_\mathrm{a}' + E_\mathrm{c}\omega^2\tau^2}{1+\omega^2\tau^2}\right]\right\}^{\frac{1}{2}} \\[6mm] \beta = -\left\{\dfrac{\rho\omega^2}{2E_\mathrm{c}E_\mathrm{a}'}\left[\left(\dfrac{E_\mathrm{a}'^2 + E_\mathrm{c}^2\omega^2\tau^2}{1+\omega^2\tau^2}\right)^{\frac{1}{2}} - \dfrac{E_\mathrm{a}' + E_\mathrm{c}\omega^2\tau^2}{1+\omega^2\tau^2}\right]\right\}^{\frac{1}{2}} \end{array}\right. \qquad (4.3)$$

式中，α 为应力波在黏弹性介质内传播的波数；β 为应力波在黏弹性介质内传播的衰减系数；E_c 为弹簧 E_V 和 E_a' 串联时的弹性模量。

E_c可由式(4.4)求得：

$$\frac{1}{E_c} = \frac{1}{E_a'} + \frac{1}{E_v} \tag{4.4}$$

从式(4.2)～式(4.4)可以看出，α表示2π长度上出现的全波数目，β表示应力波幅值随传播距离增加而衰减的程度。α和β表明应力波在节理岩体内传播具有显著的频率相关特性和衰减特性。

为了考虑应力波在多个平行节理之间的多次反射效应，Li 等[28]引入了虚拟波源的概念。如图 4.1 所示，当一个简谐波到达节理时，会同时产生反射波和透射波，随后反射波和透射波会以新的入射波的形式向邻近的节理传播，当新的入射波到达这些邻近的节理时又会有新的反射波和透射波产生。因此，应力波通过含平行节理的岩体时，最终的透射波为两个部分的叠加，一部分是最初的入射波通过这些节理的直接透射的结果，另一部分是应力波在多个节理之间多次透反射的结果。

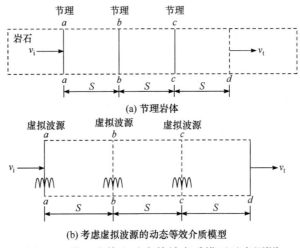

图 4.1 节理岩体和动态等效介质模型示意图[28]

如图 4.1 所示，邻近的两个虚拟波源之间的距离为 S，设岩体内的节理数为 N，则岩体的长度为 NS。设图 4.1 中 a—a 截面的入射波的表达式为

$$v_i(t,0) = A\exp(\mathrm{i}\omega t) \tag{4.5}$$

根据式(4.2)，当应力波到达 b—b 截面时，应力波在黏弹性介质内的衰减为

$$v_e(t, S) = A\exp(\beta S)\exp\left[\mathrm{i}(\omega t - \alpha S)\right] \tag{4.6}$$

式中，αS 为波 $v_e(t, S)$ 和 $v_i(t, 0)$ 之间的相位差。

根据能量守恒原理，从 b—b 截面处的虚拟波源产生的应力波的幅值应该为

$$v_a = A\left\{1 - \left[\exp(\beta S)\right]\right\}^{\frac{1}{2}} \tag{4.7}$$

并且 b—b 截面处的应力波和波源产生的应力波的相位差为 $\pi/2$，即 b—b 截面处由虚拟波源产生的应力波可表示为

$$v'_e(t, S) = A\sqrt{1 - \left[\exp(\beta S)\right]^2}\exp\left[\mathrm{i}\left(\omega t + \alpha S - \frac{\pi}{2}\right)\right] \tag{4.8}$$

应力波 $v_e(t, S)$ 和虚拟波源产生的应力波 $v'_e(t, S)$ 以相反方向向邻近的 a—a 截面和 c—c 截面传播，当到达 a—a 截面和 c—c 截面时，该处的虚拟波源又将产生新的应力波，周而复始。在 d—d 截面右端的透射波 $v_e(t, 3S)$是初始入射波和虚拟波源产生的应力波的叠加结果。

4.1.2　非线性等效黏弹性连续介质方法

当节理含填充介质或者应力波幅值较大时，节理的变形通常呈现出非线性特性。应力波通过此类非线性节理岩体时，需要采用非线性等效黏弹性连续介质方法。节理的非线性变形本构关系为双曲线模型(BB 模型)，节理岩体的代表单元如图 4.2(a) 所示,将节理岩体代表单元等效为非线性黏弹性连续介质，如图 4.2(b) 所示[42]。

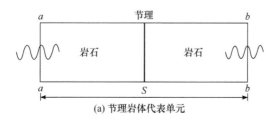

(a) 节理岩体代表单元

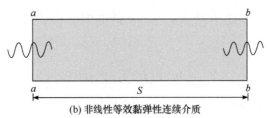

(b) 非线性等效黏弹性连续介质

图 4.2　非线性等效黏弹性连续介质方法[42]

在非线性等效黏弹性连续介质方法中，可采用分段线性模型来考虑节理的非线性变形特性。如图 4.3 所示，可由分段线性模型来近似拟合 BB 模型，任意线性段的端点位于 BB 模型的双曲线上。因此，当分段数足够多时，该分段线性模型无限趋近于 BB 模型。此时，任意线性段两端端点处的节理闭合量(张开量)和法向应力的关系满足 BB 模型。

$$d_i = \frac{\sigma_i}{k_n + \dfrac{\sigma_i}{d_{max}}}, \quad i = 1, 2, \cdots, n \tag{4.9}$$

式中，d_i 为第 i 线性段与第 $i+1$ 线性段连接点对应的节理闭合量；d_{max} 为节理最大允许闭合量；i 为线性段的序号；σ_i 为第 i 线性段与第 $i+1$ 线性段连接点对应的法向应力。

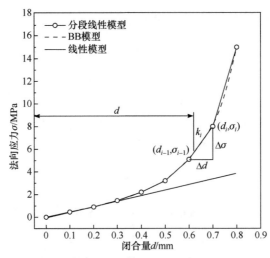

图 4.3　BB 模型的分段线性处理方法示意图

第 i 线性段的平均应力为

$$\Delta\sigma_i = \sigma_i - \sigma_{i-1}, \quad i = 1, 2, \cdots, n \tag{4.10}$$

第 i 线性段的节理闭合量为

$$\Delta d_i = d_i - d_{i-1}, \quad i = 1, 2, \cdots, n \tag{4.11}$$

由式(4.9)～式(4.11)可以得到第 i 线性段的节理刚度为

$$k_i = \frac{\Delta\sigma_i}{\Delta d_i} = \frac{k_n}{d_i - d_{i-1}}\left(\frac{d_i}{1 - \dfrac{d_i}{d_{max}}} - \frac{d_{i-1}}{1 - \dfrac{d_{i-1}}{d_{max}}}\right), \quad i = 1, 2, \cdots, n \tag{4.12}$$

由式(4.9)和式(4.12)可以得到分段线性模型的应力和闭合量之间的关系为

$$d = d_{i-1} + \frac{\sigma - \sigma_{i-1}}{k_i}, \quad d_{i-1} \leqslant d \leqslant d_i \tag{4.13}$$

当 Δd_i 足够小时，分段线性模型可无限趋近于 BB 模型。

基于该分段线性模型，可将 4.1.1 节所述的线性等效黏弹性连续介质方法拓展至非线性等效黏弹性连续介质方法，研究非线性变形节理岩体内的应力波传播问题。以图 3.5(b) 所示的 Voigt 模型与弹簧串联的三单元体模型为例，拓展至分段线性 Voigt 模型与弹簧串联的分段线性串联型三单元标准线性固体模型，如图 4.4 所示。在计算过程中，分段线性参数 $E_{V,i}$、$E_{a,i}$ 和 $\eta_{V,i}$ 为图 4.3 所示的第 i 线性段对应的等效黏弹性连续介质模型的材料参数。分段线性参数 $E_{V,i}$、$E_{a,i}$ 和 $\eta_{V,i}$ 可由以下方法获取。

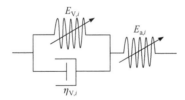

图 4.4 分段线性串联型三单元标准线性固体模型

当应力波通过分段线性节理时，其透射波可表示为

$$v_t(x,t) = \frac{2\dfrac{k_i}{z}}{i\omega + 2\dfrac{k_i}{z}} A\exp\left[i\left(\omega t - \frac{x\omega}{C_0}\right)\right] \tag{4.14}$$

式中，k_i 为第 i 线性段的节理刚度，可由式(4.12)求得；z 为节理两侧岩石的波阻抗。

取 $x = S$，S 为代表单元的长度。对比式(4.14)和式(4.2)，可得应力波通过第 i 段分段线性节理岩体时，波数 α_r 和衰减系数 β_r 分别为

$$
\begin{cases}
\alpha_r = \dfrac{\omega}{C_0} + \dfrac{1}{S}\arctan\left(\dfrac{\omega}{2\dfrac{k_i}{z}}\right) \\[4mm]
\beta_r = \dfrac{1}{S}\ln\left[\dfrac{2\dfrac{k_i}{z}}{\sqrt{\omega^2 + \left(2\dfrac{k_i}{z}\right)^2}}\right]
\end{cases}
\tag{4.15}
$$

当相同的应力波通过第 i 段分段线性节理岩体的等效黏弹性连续介质代表单元时，波数 α_r 和衰减系数 β_r 分别为

$$
\begin{cases}
\alpha_r = \left\{\dfrac{\rho\omega^2}{2E_{c,i}E_{a,i}}\left[\left(\dfrac{E_{a,i}{}^2 + E_{c,i}{}^2\omega^2\tau_i^2}{1+\omega^2\tau_i^2}\right)^{1/2} + \dfrac{E_{a,i} + E_{c,i}\omega^2\tau_i^2}{1+\omega^2\tau_i^2}\right]\right\}^{1/2} \\[4mm]
\beta_r = -\left\{\dfrac{\rho\omega^2}{2E_{c,i}E_{a,i}}\left[\left(\dfrac{E_{a,i}{}^2 + E_{c,i}{}^2\omega^2\tau_i^2}{1+\omega^2\tau_i^2}\right)^{1/2} - \dfrac{E_{a,i} + E_{c,i}\omega^2\tau_i^2}{1+\omega^2\tau_i^2}\right]\right\}^{1/2}
\end{cases}
\tag{4.16}
$$

为了方便描述，令 $E_{c,i} = E_{a,i}E_{V,i}/(E_{a,i}+E_{V,i})$，$\tau_i = \eta_{V,i}/E_{V,i}$，通常将 $E_{a,i}$ 取为岩石的弹性模量。对比式(4.15)和式(4.16)，分段线性等效黏弹性连续介质模型其余参数即可由式(4.17)确定。

$$
\begin{cases}
\left\{\dfrac{\rho\omega^2}{2E_{c,i}E_{a,i}}\left[\left(\dfrac{E_{a,i}{}^2 + E_{c,i}{}^2\omega^2\tau_i^2}{1+\omega^2\tau_i^2}\right)^{1/2} + \dfrac{E_{a,i} + E_{c,i}\omega^2\tau_i^2}{1+\omega^2\tau_i^2}\right]\right\}^{1/2} = \dfrac{\omega}{C_0} + \dfrac{1}{S}\arctan\left(\dfrac{\omega}{2k_i/z}\right) \\[5mm]
\left\{\dfrac{\rho\omega^2}{2E_{c,i}E_{a,i}}\left[\left(\dfrac{E_{a,i}{}^2 + E_{c,i}{}^2\omega^2\tau_i^2}{1+\omega^2\tau_i^2}\right)^{1/2} - \dfrac{E_{a,i} + E_{c,i}\omega^2\tau_i^2}{1+\omega^2\tau_i^2}\right]\right\}^{1/2} = -\dfrac{1}{S}\ln\left[\dfrac{2k_i/z}{\sqrt{\omega^2 + (2k_i/z)^2}}\right]
\end{cases}
$$

$$\tag{4.17}$$

由非线性等效黏弹性连续介质模型的本构方程(式(3.28))、应力波传播的连续方程(式(2.4))和运动方程(式(2.3))组成控制方程。为求控制方程的特征线方程和相应的特征相容关系，可用待定系数 N、M 和 L 分别乘以本构方程、连续方程和运动方程，相加得到

$$\left[\left(-N\eta_{\mathrm{V},i}E_{\mathrm{a},i}-L\right)\frac{\partial}{\partial t}+0\frac{\partial}{\partial x}\right]\varepsilon+\left(M\rho\frac{\partial}{\partial t}+L\frac{\partial}{\partial x}\right)v+\left(N\eta_{\mathrm{V},i}\frac{\partial}{\partial t}-M\frac{\partial}{\partial x}\right)\sigma$$

$$+N\left(E_{\mathrm{a},i}+E_{\mathrm{V},i}\right)\sigma-NE_{\mathrm{a},i}E_{\mathrm{V},i}\varepsilon=0$$

$$(4.18)$$

待定系数 N、M 和 L 应满足

$$\frac{\mathrm{d}x}{\mathrm{d}t}=-\frac{0}{L+N\eta_{\mathrm{V},i}E_{\mathrm{a},i}}=\frac{L}{M\rho}=-\frac{M}{N\eta_{\mathrm{V},i}} \qquad (4.19)$$

式(4.19)有两组解。第一组解为

$$\begin{cases}L+N\eta_{\mathrm{V},i}E_{\mathrm{a},i}=0\\ \rho M^{2}=-LN\eta_{\mathrm{V},i}\end{cases} \qquad (4.20)$$

根据式(4.20)，得到两组特征线

$$\frac{\mathrm{d}x}{\mathrm{d}t}=\pm\sqrt{\frac{E_{\mathrm{a},i}}{\rho}}=\pm C_{\mathrm{P},i} \qquad (4.21)$$

式中，$C_{\mathrm{P},i}$ 为沿着特征线的波速。

对应式(4.21)中两组特征线的两组相容关系为

$$\mathrm{d}v=\pm\frac{1}{\rho C_{\mathrm{P},i}}\mathrm{d}\sigma+\frac{\left(E_{\mathrm{a},i}+E_{\mathrm{V},i}\right)\sigma-E_{\mathrm{a},i}E_{\mathrm{V},i}\varepsilon}{\rho\eta_{\mathrm{V},i}C_{\mathrm{P},i}^{2}}\mathrm{d}x \qquad (4.22)$$

式中，"+"表示右行波；"−"表示左行波。

式(4.19)的第二组解为

$$\begin{cases}L=M=0\\ N\neq0\end{cases} \qquad (4.23)$$

相应的特征线为

$$\mathrm{d}x=0 \qquad (4.24)$$

对应式(4.24)特征线的相容关系为

$$\mathrm{d}\varepsilon-\frac{\mathrm{d}\sigma}{\rho C_{\mathrm{P},i}^{2}}-\frac{\left(E_{\mathrm{a},i}+E_{\mathrm{V},i}\right)\sigma-E_{\mathrm{a},i}E_{\mathrm{V},i}\varepsilon}{\rho\eta_{\mathrm{V},i}C_{\mathrm{P},i}^{2}}\mathrm{d}t=0 \qquad (4.25)$$

因此,应力波在黏弹性介质内的传播问题可以用图 4.5 所示的三特征线求解。

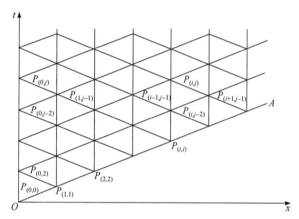

图 4.5 应力波在黏弹性介质内传播的三特征线

假设等效黏弹性连续介质初始处于静止状态,在 $x=0$ 处施加法向动载荷 $\sigma(0,t)$,则应力波沿 x 方向传播,在特征线 OA 上应力、应变和速度满足以下关系式:

$$v = -\frac{\sigma}{\rho C_{\mathrm{P},i}} \tag{4.26}$$

$$v = -C_{\mathrm{P},i}\varepsilon \tag{4.27}$$

另外,特征线 OA 上对应的特征相容关系为

$$\mathrm{d}v = \frac{1}{\rho C_{\mathrm{P},i}}\mathrm{d}\sigma + \frac{\left(E_{\mathrm{a},i}+E_{\mathrm{V},i}\right)\sigma - E_{\mathrm{a},i}E_{\mathrm{V},i}\varepsilon}{\rho \eta_{\mathrm{V},i}C_{\mathrm{P},i}^2}\mathrm{d}x \tag{4.28}$$

把式(4.26)代入式(4.28),得到关于 σ 的一阶常微分方程,即

$$\frac{\mathrm{d}\sigma}{\mathrm{d}x} + \frac{E_{\mathrm{a},i}\sigma}{2\eta_{\mathrm{V},i}C_{\mathrm{P},i}} = 0 \tag{4.29}$$

求解式(4.29),得到沿特征线 OA 的应力,即

$$\sigma = \sigma(0,t)\exp\left(-\frac{E_{\mathrm{a},i}}{2\eta_{\mathrm{V},i}C_{\mathrm{P},i}}x\right) \tag{4.30}$$

将式(4.30)代入式(4.26)和式(4.27),得到沿特征线 OA 的速度和应变,

即

$$v = v(0,t)\exp\left(-\frac{E_{a,i}}{2\eta_{V,i}C_{P,i}}x\right) \tag{4.31}$$

$$\varepsilon = \varepsilon(0,t)\exp\left(-\frac{E_{a,i}}{2\eta_{V,i}C_{P,i}}x\right) \tag{4.32}$$

根据以上推导可知，要确定应力波在等效黏弹性连续介质内的传播规律，需要确定 AOt 平面内任意点的应力、应变和速度，为此将如图 4.5 所示的 AOt 平面划分为两种基本单元，分别为三角形单元(例如图 4.5 所示的 $P(0,j)P(0,j-2)P(1,j-1)$ 单元)和菱形单元(例如图 4.5 所示的 $P(i,j)P(i-1,j-1)P(i,j-2)P(i+1,j-1)$ 单元)。

xOt 平面边界点 $P(0,j)$ 的应力、应变和速度可根据三角形单元求解，其中边界点 $P(0,j)$ 的速度 $v(0,j)$ 由边界条件确定。边界点 $P(0,j)$ 的应力和应变可由三角形单元的左行特征线 $P(1,j-1)P(0,j)$ 和上行特征线 $P(0,j-2)P(0,j)$ 对应的特征相容关系确定。

将式(4.21)代入式(4.22)，可得左行特征线 $P(1,j-1)P(0,j)$ 对应的特征相容关系。当时间步长 Δt 足够小时，可表示为

$$\sigma(0,j) = \sigma(1,j-1) - \rho C_{P,i}\big(v(0,j)-v(1,j-1)\big)$$
$$-\frac{\big(E_{a,i}+E_{V,i}\big)\sigma(1,j-1)-E_{a,i}E_{V,i}\varepsilon(1,j-1)}{\eta_{V,i}}\Delta t \tag{4.33}$$

由式(4.25)可得上行特征线 $P(0,j-2)P(0,j)$ 对应的特征相容关系。当时间步长 Δt 足够小时，可表示为

$$\varepsilon(0,j) = \varepsilon(0,j-2) + \frac{\sigma(0,j)-\sigma(0,j-2)}{\rho C_{P,i}^2}$$
$$+\frac{\big(E_{a,i}+E_{V,i}\big)\sigma(0,j-2)-E_{a,i}E_{V,i}\varepsilon(0,j-2)}{\rho\eta_{V,i}C_{P,i}^2}2\Delta t \tag{4.34}$$

AOt 平面内部点 $P(i,j)$ 的应力、应变和速度可根据菱形单元中左行特征线 $P(i-1,j-1)P(i,j)$、右行特征线 $P(i+1,j-1)P(i,j)$ 和上行特征线 $P(i,j-2)P(i,j)$ 对应的特征相容关系得到。

将式(4.21)代入式(4.22)，可得右行特征线 $P(i+1,j-1)P(i,j)$ 对应的特征相容关系。当时间步长 Δt 足够小时，可表示为

$$v(i,j)-v(i-1,j-1)=\frac{1}{\rho C_{\mathrm{P},i}}\Big[\sigma(i,j)-\sigma(i-1,j-1)\Big]$$
$$+\frac{\big(E_{\mathrm{a},i}+E_{\mathrm{V},i}\big)\sigma(i-1,j-1)-E_{\mathrm{a},i}E_{\mathrm{V},i}\varepsilon(i-1,j-1)}{\rho\eta_{\mathrm{V},i}C_{\mathrm{P},i}}\Delta t$$

$$(4.35)$$

将式(4.21)代入式(4.22)，可得左行特征线 $P(i-1,j-1)P(i,j)$ 对应的特征相容关系。当时间步长 Δt 足够小时，可表示为

$$v(i,j)-v(i+1,j-1)=-\frac{1}{\rho C_{\mathrm{P},i}}\Big[\sigma(i,j)-\sigma(i+1,j-1)\Big]$$
$$-\frac{\big(E_{\mathrm{a},i}+E_{\mathrm{V},i}\big)\sigma(i+1,j-1)-E_{\mathrm{a},i}E_{\mathrm{V},i}\varepsilon(i+1,j-1)}{\rho\eta_{\mathrm{V},i}C_{\mathrm{P},i}}\Delta t$$

$$(4.36)$$

由式(4.25)可得上行特征线 $P(i,j-2)P(i,j)$ 对应的特征相容关系。当时间步长 Δt 足够小时，可表示为

$$\varepsilon(i,j)-\varepsilon(i,j-2)=\frac{\sigma(i,j)-\sigma(i,j-2)}{\rho C_{\mathrm{P},i}^{2}}$$
$$+\frac{\big(E_{\mathrm{a},i}+E_{\mathrm{V},i}\big)\sigma(i,j-2)-E_{\mathrm{a},i}E_{\mathrm{V},i}\varepsilon(i,j-2)}{\rho\eta_{\mathrm{V},i}C_{\mathrm{P},i}^{2}}2\Delta t$$

$$(4.37)$$

由式(4.33)～式(4.37)即可求得整个 AOt 区域内的应力、应变和速度。

4.2 细观裂隙岩体内应力波传播的等效连续介质方法

4.2.1 细观裂隙岩体内应力波传播的摆锤冲击试验

1. 摆锤冲击试验

本节采用摆锤冲击试验装置研究了细观裂隙岩体的应力波传播特

性。通过摆锤对细观裂隙岩体进行冲击加载,得到细观裂隙岩体内应力波信号。基于傅里叶变换开展频谱分析,推导岩体的衰减系数和波数。

联立运动方程(2.3)和连续方程(2.4),可得

$$\frac{\partial^2 \sigma(x,t)}{\partial x^2} = \rho_0 \frac{\partial^2 \varepsilon(x,t)}{\partial t^2} \qquad (4.38)$$

将式(4.38)进行傅里叶变换,可得

$$\frac{\partial^2 \tilde{\sigma}(x,\omega)}{\partial x^2} = -\rho_0 \omega^2 \tilde{\varepsilon}(x,\omega) \qquad (4.39)$$

式中, $\tilde{\sigma}(x,\omega)$ 为频域内的应力; $\tilde{\varepsilon}(x,\omega)$ 为频域内的应变; ω 为角频率, $\omega = 2\pi f$。

频域内细观裂隙岩体的应力-应变关系可表示为

$$\tilde{\sigma}(x,\omega) = E^*(\omega)\tilde{\varepsilon}(x,\omega) \qquad (4.40)$$

式中, $E^*(\omega)$ 为材料的复模量。

联立式(4.39)和式(4.40),得到应力波在频域内的传播方程为

$$\frac{\partial^2 \tilde{\varepsilon}(x,\omega)}{\partial x^2} - \frac{\rho_0 \omega^2}{E^*(\omega)}\tilde{\varepsilon}(x,\omega) = 0 \qquad (4.41)$$

$E^*(\omega)$ 可表示为

$$E^*(\omega) = E'(\omega) + iE''(\omega) \qquad (4.42)$$

式中, $E'(\omega)$ 为储能模量; $E''(\omega)$ 为损耗模量; i 为虚数单位。

求解式(4.41),其通解为

$$\tilde{\varepsilon}(x,\omega) = P(\omega)\exp(-\gamma(\omega)x) + N(\omega)\exp(\gamma(\omega)x) \qquad (4.43)$$

式中, $\gamma(\omega)$ 为传播系数; $P(\omega)$ 为沿 x 增大方向传播的谐波分量幅值; $N(\omega)$ 为沿 x 减小方向传播的谐波分量幅值; $P(\omega)$ 和 $N(\omega)$ 由初始条件和边界条件确定。

$\gamma(\omega)$ 可表示为

$$\gamma(\omega) = \alpha(\omega) + ik(\omega) \qquad (4.44)$$

式中, $\alpha(\omega)$ 为衰减系数; $k(\omega)$ 为波数。

假设岩杆左自由端位于 $x=x_0$ 处，右自由端位于 $x=x_2$ 处，应变片位于 $x=x_1$ 处，其中 $x_0<x_1<x_2$。当应力波在岩杆内从左侧向右侧传播时，由式(4.43)可知，应变片测量的压缩应变 ε_1 在频域内可表示为

$$\tilde{\varepsilon}_1(x_1,\omega)=P(\omega)\exp(-\gamma(\omega)x_1) \tag{4.45}$$

应力波在岩杆内从左侧向右侧传播到达岩杆右侧自由端时，会产生向左侧传播的反射拉伸波，由式(4.43)可知，应变片测量的拉伸应变 ε_2 在频域内可表示为

$$\tilde{\varepsilon}_2(x_1,\omega)=N(\omega)\exp(\gamma(\omega)x_1) \tag{4.46}$$

当应力波在岩杆右自由端反射时，岩杆右自由端的应变始终为零。因此，式(4.43)可表示为

$$\tilde{\varepsilon}(x_2,\omega)=P(\omega)\exp(-\gamma(\omega)x_2)+N(\omega)\exp(\gamma(\omega)x_2)=0 \tag{4.47}$$

将式(4.45)～式(4.47)联立，可得

$$\exp\left[-2\gamma(\omega)(x_2-x_1)\right]=-\frac{\tilde{\varepsilon}_2}{\tilde{\varepsilon}_1} \tag{4.48}$$

根据式(4.48)可得

$$\gamma(\omega)=\alpha(\omega)+ik(\omega)=-\frac{\ln(-\tilde{\varepsilon}_2/\tilde{\varepsilon}_1)}{2(x_2-x_1)} \tag{4.49}$$

由式(4.48)可得衰减系数和波数分别为

$$\alpha(\omega)=-\mathrm{Re}\left[\frac{\ln(-\tilde{\varepsilon}_2/\tilde{\varepsilon}_1)}{l}\right] \tag{4.50}$$

$$k(\omega)=-\mathrm{Im}\left[\frac{\ln(-\tilde{\varepsilon}_2/\tilde{\varepsilon}_1)}{l}\right] \tag{4.51}$$

式中，Re 为复数表达式的实部；Im 为复数表达式的虚部；$l=2(x_2-x_1)$ 为两个应力波之间的传播距离。

如图 4.6 所示为摆锤冲击试验装置。加载装置由一端可转动的摆锤、测量板和挡板组成。摆锤锤头可自行设计更换，通过改变锤头形状、锤头长度和锤头材料来分别控制应力波的波形、波长和幅值。测量板可测量摆

锤的摆角,通过调整摆角来控制冲击能量。焊接钢制挡板装置的作用是避免试样受到重复加载。

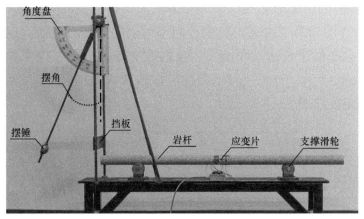

图 4.6　摆锤冲击试验装置

应力波传播装置由岩杆、支撑和阻挡器组成。岩杆要求材质均匀,外观无肉眼可见的明显裂纹。为了满足一维应力波传播条件,避免横向效应,要求岩杆长细比大于 10,岩杆的截面直径沿轴线的变化率小于 3%。同时,为了确保应力波在岩杆自由端发生全反射,需要保证岩杆左右两端端面光滑平整,同时确保两端端面相互平行且与岩杆轴线垂直。采用滑轮作为支撑,可以保证岩杆在受到冲击时自由滑动,从而减少岩杆在试验过程中因滑动摩擦而产生的能量损耗。最后,在支撑台末端设置阻挡器,防止岩杆在试验过程中过度滑移而脱离支撑。

测量及数据处理装置由应变片、应变仪、示波器(可选)和计算机组成。应变片采用全桥贴法,即将两个应变片平行于岩杆轴线对称粘贴,以消除粘贴时应变片测量方向与岩杆轴线存在的角度误差。其余两个应变片垂直于轴线对称粘贴,以消除横向效应。采用(超)动态应变仪采集岩杆应变脉冲信号,有效提高分辨率,动态应变仪以 $1\times10^7s^{-1}$(时间分辨率为 $1\times10^{-7}s$)的时间速率记录岩杆中应变脉冲信号,为应变波进行离散傅里叶变换提供足够的数据点。采用示波器实时观测应变脉冲信号,以便及时调整加载方案。最后,通过计算机记录应变脉冲信号,以便提取并分析细观裂隙岩体内应力波的传播规律。

利用摆锤冲击装置对岩杆施加动载荷,产生的压缩应力波在岩杆内向右传播，应变片记录信号 $\varepsilon_1(t)$ 为第一次通过应变片向右传播的压缩应力波。岩杆两端面均为垂直轴线的自由面，应力波在岩杆自由端面发生反射，向右传播的压缩应力波反射后变为向左传播的拉伸应力波。应变片记录信号 $\varepsilon_2(t)$ 即为第二次通过应变片向左传播的拉伸应力波。应力波在传播过程中会在两个自由端不断发生反射改变传播方向，应变片也会依次记录到 $\varepsilon_3(t)$、$\varepsilon_4(t)$、$\cdots$、$\varepsilon_n(t)$，直至应力波衰减为零。图 4.7 为试验测得的一组应变波波形。

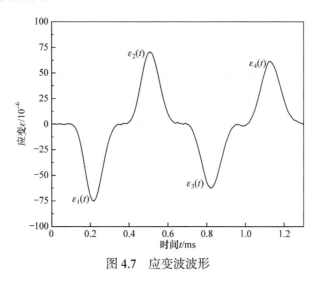

图 4.7　应变波波形

　　将应变波波形中的入射波 $\varepsilon_1(t)$ 和反射波 $\varepsilon_2(t)$ 进行离散傅里叶变换，得到入射波和反射波的频谱图。由于傅里叶变换的应变脉冲是频率 ω 的偶数函数，应变频谱关于 $\omega=0$ 轴对称分布，图 4.8 只绘制了 $\omega>0$ 的部分。

　　图 4.8 为入射波和反射波的频谱图，反映了频率对入射波谐波振幅和反射波谐波振幅的影响。可以看出，入射波谐波振幅和反射波谐波振幅均随着频率的增加而减小。当谐波频率一定时，入射波谐波振幅总是大于反射波谐波振幅。在频率较小和较大的范围内，入射波谐波振幅与反射波谐波振幅近似相等。然而，在中间的频率范围内，入射波谐波振幅始终大于反射波谐波振幅。将傅里叶变换后的反射波和入射波代入式(4.50)和式(4.51)，可得到岩体内应力波传播的衰减系数和波数。

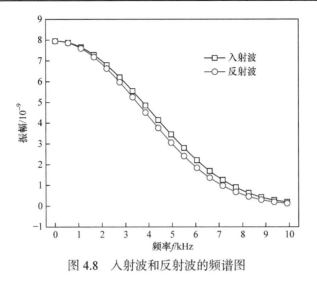

图 4.8　入射波和反射波的频谱图

图 4.9 描述了应力波的衰减系数、波数与频率的关系。可以看出，衰减系数随着谐波频率的增加先缓慢增加，后迅速增加。波数随着谐波频率的增加呈线性增加。

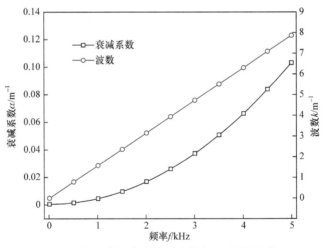

图 4.9　应力波衰减系数、波数与频率的关系

2. 高温后岩体应力波传播特性研究

试验采用花岗岩岩杆，主要由云母、长石和石英组成，如图 4.10 所示。为了满足一维波传播要求，尽量减少由于惯性作用引起的几何弥散，测试采用平均直径为 45mm、平均长度为 1200mm、平均密度为 2.61g/cm³

的圆柱形花岗岩杆。截面直径沿轴线的变化范围为±1mm，以保证波传播截面的一致性。将岩杆两端打磨平整并与岩杆轴线垂直，以满足应力波在岩杆端面的自由面全反射要求。对花岗岩岩杆的完整性和均质性进行仔细检查，确保岩杆表面没有明显裂纹。

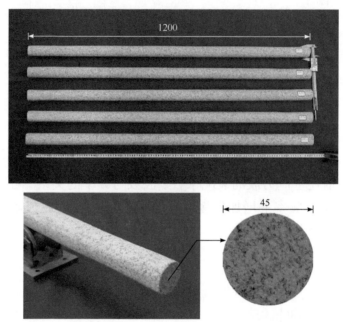

图 4.10　花岗岩试样(单位：mm)

利用如图 4.11 所示的管式加热炉对花岗岩岩杆进行加热处理，将花岗岩岩杆分别加热至 100℃、200℃、300℃和 400℃，另一组花岗岩岩杆放置于 25℃室温下作为对照组。以 2℃/min 的升温速率将岩杆加热至预定温度并恒温 4h，恒温完成后在加热炉内自然冷却至室温。

采用砂纸对岩杆进行打磨处理。砂纸打磨方向与应变片测量方向呈 45°，直至岩杆表面光滑。对应变片涂抹适量的环氧树脂胶，随后粘贴应变片并压紧，确保应变片和岩杆粘贴密实。采用胶带固定应变片引线后将试样静置 24h。贴片完成后，将加热处理后的花岗岩岩杆放置在摆锤冲击试验装置的支撑滑轮上，利用摆锤冲击试验装置对岩杆施加动载荷，开展花岗岩岩杆内应力波传播特性的研究，如图 4.6 所示。

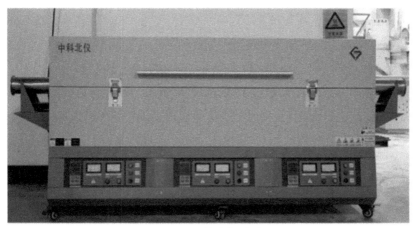

图 4.11 管式加热炉

采用同一摆锤以相同摆角分别对不同温度处理后的花岗岩岩杆进行冲击加载。图 4.12 对比了不同温度处理后花岗岩岩杆的应变波波形。可以看出，随着加热温度的升高，入射波和反射波的幅值逐渐增大。

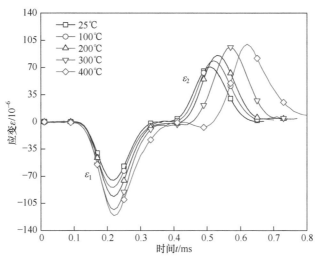

图 4.12 热处理后花岗岩内应力波的应变波波形

为了描述不同温度处理后花岗岩岩杆内应力波的幅值衰减规律，定义衰减率 Z 为入射波幅值和反射波幅值的差值与入射波幅值的比值。

$$Z = \frac{\max\left[\varepsilon_i(t)\right] - \max\left[\varepsilon_r(t)\right]}{\max\left[\varepsilon_i(t)\right]} \times 100\% \qquad (4.52)$$

式中，ε_i 为入射波；ε_r 为反射波。

　　图 4.13 描述了应力波衰减率与温度的关系。可以看出，随着热处理温度的升高，应力波的衰减率不断增大。当热处理温度由 25℃升高至 100℃时，衰减率由 5.9%增加到 6.6%。此时，热处理温度对花岗岩岩杆内应力波的衰减率影响较小。当热处理温度分别为 200℃、300℃和 400℃时，衰减率分别为 9.1%、11.6%和 12.9%。此时，应力波在高温热处理后的花岗岩岩杆内传播时会发生明显的衰减。

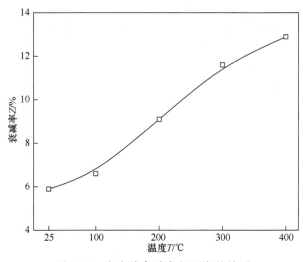

图 4.13　应力波衰减率与温度的关系

　　将图 4.12 中入射波和反射波进行离散傅里叶变换，代入式(4.50)和式(4.51)中，得到不同温度处理后的花岗岩的应力波衰减系数和波数，如图 4.14 和图 4.15 所示。

　　图 4.14 为热处理后花岗岩内应力波的衰减系数。可以看出，在相同温度处理后的花岗岩中，随着谐波频率的增加，衰减系数先缓慢增加，然后迅速增加。当谐波频率一定时，应力波的衰减系数随加热温度的升高而增大。但随着谐波频率的增加，不同温度处理后的花岗岩内应力波衰减系数的差异性越来越大。当谐波频率接近零时，不同温度处理后的花岗岩的应力波衰减系数均趋近于零。

　　图 4.15 为热处理后花岗岩内应力波的波数。可以看出，在相同温度处理后的花岗岩试样中，应力波的波数随着谐波频率的增加而线性增加。

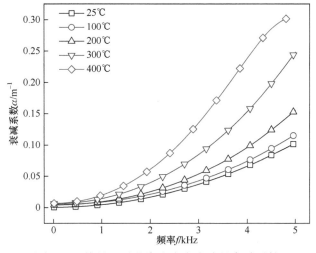

图 4.14　热处理后花岗岩内应力波的衰减系数

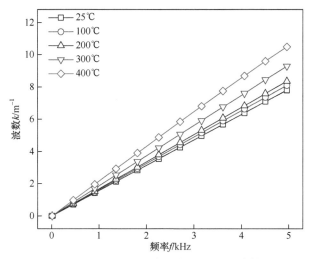

图 4.15　热处理后花岗岩内应力波的波数

频率与波数的比值为应力波的相速度，因此在相同温度处理后的花岗岩试样中，应力波的相速度基本不随谐波频率的变化而变化。当谐波频率不变时，应力波的波数会随温度的增加而增大，应力波的相速度会随温度的增加而减小。

3. 循环加热岩体内应力波传播特性研究

利用管式加热炉对花岗岩岩杆进行加热处理，将花岗岩岩杆分别加热至 100℃、200℃、300℃和 400℃，每个温度循环热处理次数为 7 次，另一组花岗岩岩杆放置于 25℃室温下作为对照组。在每次热循环中，首先以 2℃/min 的升温速率将岩杆加热至预定温度并恒温 4h，恒温完成后在加热炉内自然冷却至室温。冷却完成后取出试样，采用同一摆锤以相同摆角对温度处理后的花岗岩岩杆进行冲击加载，开展循环加热花岗岩岩杆内应力波传播特性的研究。

图 4.16(a) 为 100℃循环加热花岗岩内的应变波波形。可以看出，随着循环热处理次数的增加，入射波与反射波的幅值和周期在不断增大。第 1、3、5 和 7 次循环加热后，入射波和反射波的幅值增长速率相似。入射波幅值与反射波幅值的时间间隔增大，表明随着循环热处理次数的增加，应力波波速不断下降，第 1、3、5 和 7 次循环加热后的波速分别为 4012m/s、3960m/s、3923m/s 和 3906m/s。

图 4.16(b) 为 200℃循环加热花岗岩内的应变波波形。可以看出，随着循环热处理次数的增加，入射波与反射波的幅值和周期在不断增大。第 1、3 和 5 次循环加热后，入射波和反射波的幅值增长速率相似，7 次循环加热后，入射波和反射波的幅值增长速率放缓。随着循环热处理次数的增加，入射波幅值与反射波幅值的时间间隔增大，表明随着循环热处理次数的增加，应力波波速不断下降，第 1、3、5 和 7 次循环加热后的波速分别为 3786m/s、3669m/s、3558m/s 和 3521m/s。

图 4.16(c) 为 300℃循环加热花岗岩内的应变波波形。可以看出，随着循环热处理次数的增加，入射波与反射波的幅值和周期在不断增大。第 1 次循环加热后，入射波和反射波的幅值增长明显，第 3、5 和 7 次循环加热后，入射波和反射波的幅值增长速率逐步放缓。随着循环热处理次数的增加，入射波幅值与反射波幅值的时间间隔明显增大，表明随着循环热处理次数的增加，应力波波速不断下降，第 1、3、5 和 7 次循环加热后的波速分别为 3484m/s、3333m/s、3226m/s 和 3184m/s。

图 4.16(d) 为 400℃循环加热花岗岩内的应变波波形。可以看出，随着循环热处理次数的增加，入射波与反射波的幅值和周期在不断增大。第 1 次循环加热后，入射波和反射波的幅值大幅增加，第 3、5 和 7 次循环加热后，入射波和反射波的幅值增长速率逐步放缓。随着循环热处理次数

的增加，入射波幅值与反射波幅值的时间间隔明显增大，表明随着循环热处理次数的增加，应力波波速不断下降，第 1、3、5 和 7 次循环加热后的波速分别为 3089m/s、2850m/s、2697m/s 和 2631m/s。

图 4.17 描述了不同温度下花岗岩内应力波衰减率与循环热处理次数的关系。可以看出，在相同温度处理的花岗岩中，随着循环热处理次数的增加，衰减率不断增大。第 1 次加热后，衰减率上升幅度最大。3 次循环加热后，衰减率增长速率开始放缓。而且，当循环热处理次数相同时，加热温度越高，花岗岩内应力波的衰减率越大。

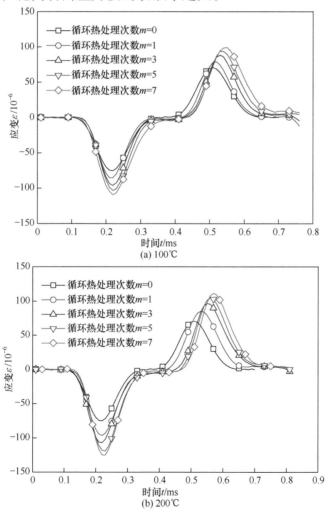

(a) 100℃

(b) 200℃

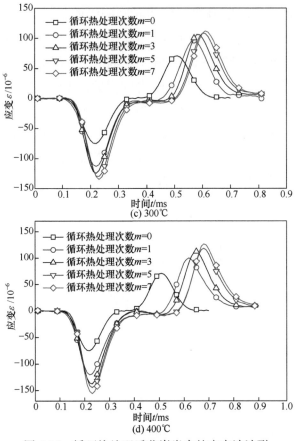

图 4.16　循环热处理后花岗岩内的应变波波形

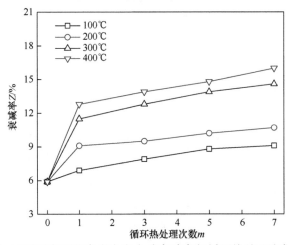

图 4.17　不同温度下花岗岩内应力波衰减率与循环热处理次数的关系

图 4.18 描述了不同温度下花岗岩内纵波波速与循环热处理次数的关系。可以看出，随着循环热处理次数的增加，纵波波速不断降低，纵波波速的下降率随着循环热处理次数的增加不断减小。当 7 次循环加热后，随着循环热处理次数的增加，纵波波速几乎不发生变化。第 1 次加热后，波速下降最为明显。100℃、200℃、300℃、400℃处理后的花岗岩内纵波波速相比常温花岗岩内纵波波速分别下降了 2.1%、7.7%、15.0%和 24.7%。而且，当循环热处理次数相同时，加热温度越高，波速下降幅度越大。

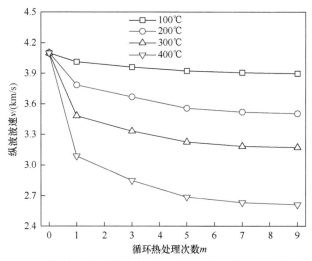

图 4.18　不同温度下花岗岩内纵波波速与循环热处理次数的关系

图 4.19(a) 为 100℃循环热处理后花岗岩内应力波的衰减系数。可以看出,不同次数循环热处理后花岗岩内应力波的衰减系数随着谐波频率的变化趋势是相同的,衰减系数均随着谐波频率的增加先缓慢增加,然后迅速增加。当谐波频率一定时，随着循环热处理次数的增加，衰减系数逐渐增大。

图 4.19(b) 为 200℃循环热处理后花岗岩内应力波的衰减系数。可以看出，不同次数循环热处理后花岗岩内应力波的衰减系数随着谐波频率的变化趋势是相同的,衰减系数均随着谐波频率的增加先缓慢增加,然后迅速增加。当谐波频率一定时，第 1、3 和 5 次循环加热后，衰减系数增长速率相似。第 7 次循环加热后，衰减系数增长速率放缓。

图 4.19(c) 为 300℃循环热处理后花岗岩内应力波的衰减系数。可以看出，不同次数循环热处理后花岗岩内应力波的衰减系数随着谐波频率

的变化趋势是相同的,衰减系数均随着谐波频率的增加先缓慢增加,然后迅速增加。当谐波频率一定时,第 1 次循环加热后,衰减系数增长速率最快。第 3、5 和 7 次循环加热后,衰减系数增长速率逐步放缓。

图 4.19(d) 为 400℃循环热处理后花岗岩内应力波的衰减系数。可以看出,不同次数循环热处理后花岗岩内应力波的衰减系数随着谐波频率的变化趋势是相同的,衰减系数均随着谐波频率的增加先缓慢增加,然后迅速增加。当谐波频率一定时,第 1 次循环加热后,衰减系数增长速率最快。第 3、5 和 7 次循环加热后,衰减系数增长速率相似。

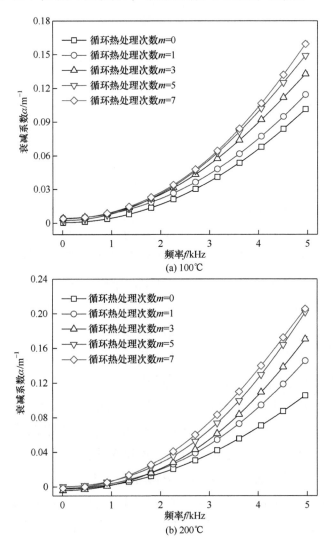

(a) 100℃

(b) 200℃

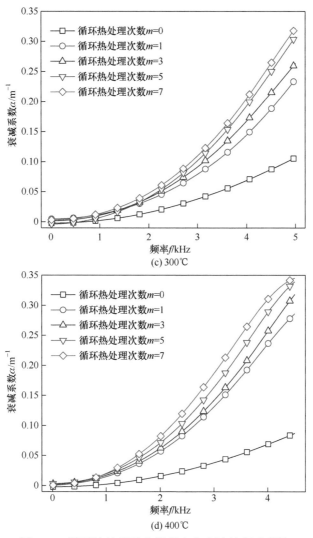

图 4.19　循环热处理后花岗岩内应力波的衰减系数

　　图 4.20(a) 为 100℃循环热处理后花岗岩内应力波的波数。可以看出，不同次数循环热处理后花岗岩内应力波的波数随着谐波频率的变化趋势是相同的，均随着谐波频率的增加线性增加。当谐波频率一定时，随着循环热处理次数的增加，波数逐渐增大。频率与波数的比值为应力波的相速度，因此在相同温度处理后的花岗岩中，应力波的相速度会随着循环热处理次数的增加而减小。

　　图 4.20(b) 为 200℃循环热处理后花岗岩内应力波的波数。可以看出，

不同次数循环热处理后花岗岩内应力波的波数随着谐波频率的变化趋势是相同的,均随着谐波频率的增加线性增加。当谐波频率一定时,第1和3次循环加热后,波数增长速率相似。第5和7次循环加热后,波数增长速率放缓。频率与波数的比值为应力波的相速度,因此应力波的相速度会随着循环热处理次数的增加而减小。

图 4.20(c) 为 300℃循环热处理后花岗岩内应力波的波数。可以看出,不同次数循环热处理后花岗岩内应力波的波数随着谐波频率的变化趋势是相同的,均随着谐波频率的增加线性增加。当谐波频率一定时,第1次循环加热后,波数增长速率最快。第3和5次循环加热后,波数增长速率相似。第7次循环加热后,波数几乎不变。频率与波数的比值为应力波的相速度,因此应力波的相速度会随着循环热处理次数的增加而减小,最后趋于稳定。

图 4.20(d) 为 400℃循环热处理后花岗岩内应力波的波数。可以看出,不同次数循环热处理后花岗岩内应力波的波数随着谐波频率的变化趋势是相同的,均随着谐波频率的增加线性增加。当谐波频率一定时,第1次循环加热后,波数增长速率最快。第3和5次循环加热后,波数增长速率相似。第7次循环加热后,波数几乎不变。频率与波数的比值为应力波的相速度,因此应力波的相速度会随着循环热处理次数的增加而减小,最后趋于稳定。

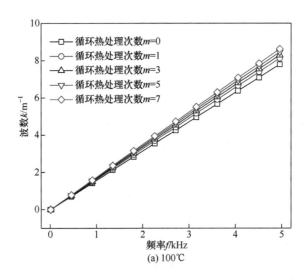

(a) 100℃

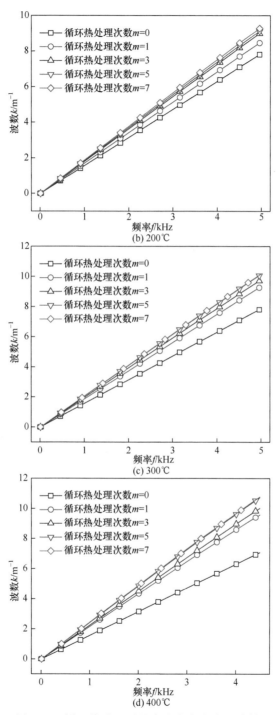

图 4.20　循环热处理后花岗岩内应力波的波数

4. 冷却热冲击岩体内应力波传播特性研究

利用管式加热炉对花岗岩岩杆进行加热处理，将花岗岩岩杆分别加热至100℃、200℃、300℃和400℃，另一组花岗岩岩杆放置于25℃室温下作为对照组。在加热过程中，首先以2℃/min的升温速率将岩杆加热至预定温度并恒温4h。每个加热温度分为两组，第一组在加热完成后将试样从加热炉内快速取出，立即放入冷却水箱中进行冷却，水面完全淹没试样浸泡1h，以保证试样完全冷却。冷却完成后，将试样进行烘干处理。另一组试样在加热炉内自然冷却至室温，冷却完成后取出试样。采用同一摆锤以相同摆角对不同冷却处理后的花岗岩岩杆进行冲击加载，开展冷却热冲击花岗岩岩杆内应力波传播特性的研究。

图4.21(a)为100℃加热后自然冷却和水冷却后花岗岩内的应变波波形。可以看出，水冷却后花岗岩内波形的幅值和周期略微大于自然冷却后花岗岩内波形的幅值和周期。水冷却后花岗岩内入射波和反射波幅值的时间间隔略微大于自然冷却，表明水冷却对花岗岩波速的影响不明显。

图4.21(b)为200℃加热后自然冷却和水冷却后花岗岩内的应变波波形。水冷却后花岗岩内波形的幅值和周期大于自然冷却后花岗岩内波形的幅值和周期。其中水冷却后花岗岩内入射波幅值相比自然冷却后花岗岩内入射波幅值增长8.1%，反射波幅值增长7.5%。水冷却后花岗岩内入射波和反射波幅值的时间间隔大于自然冷却，波速差值为76m/s。

图4.21(c)为300℃加热后自然冷却和水冷却后花岗岩内的应变波波形。水冷却后花岗岩内波形的幅值和周期明显大于自然冷却后花岗岩内波形的幅值和周期。其中水冷却后花岗岩内入射波幅值相比自然冷却后花岗岩内入射波幅值增长14.1%，反射波幅值增长4.2%。水冷却后花岗岩内入射波和反射波幅值的时间间隔明显大于自然冷却，波速差值为362m/s。

图4.21(d)为400℃加热后自然冷却和水冷却后花岗岩内的应变波波形。水冷却后花岗岩内波形的幅值和周期明显大于自然冷却后花岗岩内波形的幅值和周期。其中水冷却后花岗岩内入射波幅值相比自然冷却后花岗岩内入射波幅值增长18.9%，反射波幅值增长5.6%。水冷却后花岗岩内入射波和反射波幅值的时间间隔明显大于自然冷却，波速差值为570m/s。

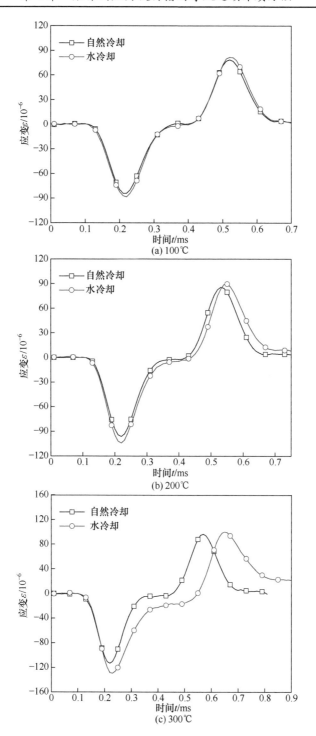

(a) 100℃

(b) 200℃

(c) 300℃

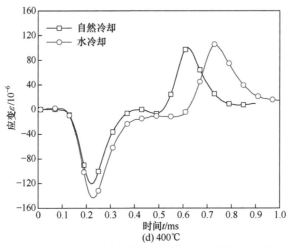

图 4.21　自然冷却和水冷却后花岗岩内的应变波波形

图 4.22 描述了自然冷却和水冷却后花岗岩内应力波衰减率与温度的关系。可以看出，自然冷却和水冷却后花岗岩内应力波的衰减率随加热温度的变化趋势相同，均随着加热温度的升高不断增大。当加热温度相同时，水冷却后花岗岩内应力波的衰减率要大于自然冷却后花岗岩内应力波的衰减率。随着加热温度的升高，自然冷却和水冷却后花岗岩内应力波衰减率的差异也在逐渐增大。100℃、200℃、300℃、400℃加热处理后，自然冷却后应力波的衰减率比常温时的衰减率分别增长 18.6%、54.2%、94.9%和116.9%，水冷却后应力波的衰减率比常温时的衰减率分别增长

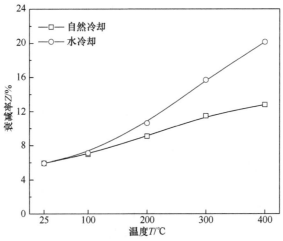

图 4.22　自然冷却和水冷却后花岗岩内应力波衰减率温度的关系

20.3%、79.7%、166.1%和242.4%，表明水冷却对应力波衰减率的影响随着加热温度的升高变得更为明显。

　　图 4.23 描述了自然冷却和水冷却后花岗岩内纵波波速与温度的关系。可以看出，随着加热温度的升高，自然冷却和水冷却后花岗岩的纵波波速均呈下降的趋势。经历 100℃、200℃、300℃、400℃加热处理后，自然冷却后花岗岩的纵波波速比常温时花岗岩的纵波波速分别下降了 2.1%、7.7%、15.0%和24.7%，水冷却后花岗岩的纵波波速比常温时花岗岩的纵波波速分别下降了 2.4%、9.3%、23.6%和38.4%。相比于自然冷却，水冷却后花岗岩纵波波速下降的幅度更大。随着加热温度的升高，自然冷却和水冷却后花岗岩纵波波速的差值也在逐渐增大。当温度升高至 200℃时，自然冷却后花岗岩的纵波波速与水冷却后花岗岩的纵波波速差值增大到 76m/s。当温度升高至 300℃时，自然冷却后花岗岩的纵波波速与水冷却后花岗岩的纵波波速差值增大到 362m/s。当温度升高至 400℃时，自然冷却后花岗岩纵波的波速与水冷却后花岗岩的纵波波速差值达到 570m/s。

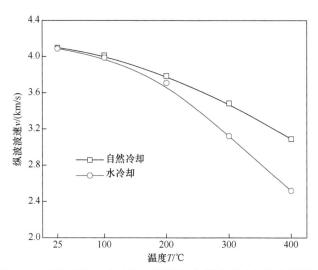

图 4.23　自然冷却和水冷却后花岗岩内纵波波速与温度的关系

　　将图 4.21 中水冷却后花岗岩内的入射波和反射波进行离散傅里叶变换，代入式(4.50)和式(4.51)中，得到水冷却后花岗岩内应力波的衰减系数和波数，分别如图 4.24 和图 4.25 所示。

　　图 4.24 为水冷却后花岗岩内应力波的衰减系数。可以看出，水冷却

后花岗岩内应力波的衰减系数随着谐波频率的增加先缓慢增加，然后迅速增加。当谐波频率一定时，应力波的衰减系数随加热温度的升高而增大。随着谐波频率的增加，不同温度处理后的花岗岩内应力波衰减系数的差异性越来越大。当谐波频率接近零时，不同温度处理后的花岗岩的应力波衰减系数均趋近于零。

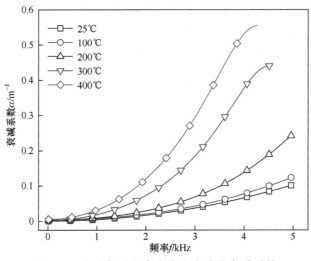

图 4.24　水冷却后花岗岩内应力波的衰减系数

　　图 4.25 为水冷却后花岗岩内应力波的波数。可以看出，水冷却后花岗岩内应力波的波数均随着谐波频率的增加线性增加。当谐波频率一定时，

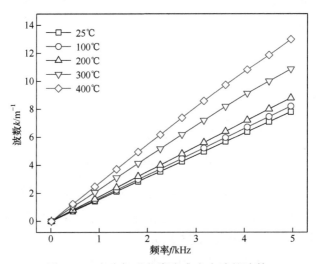

图 4.25　水冷却后花岗岩内应力波的波数

应力波的波数随着加热温度的升高而增大。频率与波数的比值为应力波的相速度，因此在水冷却后的花岗岩试样中，应力波的相速度基本不随谐波频率的变化而变化。当谐波频率一定时，水冷却后花岗岩内应力波的相速度会随加热温度的升高而减小。

图 4.26(a) 为 100℃加热后自然冷却和水冷却后花岗岩内应力波的衰减系数。可以看出，两种冷却方式处理的花岗岩内应力波的衰减系数随谐波频率的变化趋势是相似的，衰减系数均随谐波频率的增加先缓慢增加，然后迅速增加。当谐波频率在 0~3kHz 时，两种冷却方式处理的花岗岩内应力波的衰减系数相似。当谐波频率大于 3kHz 时，水冷却后花岗岩内应力波的衰减系数随着谐波频率的增加，逐渐大于自然冷却后花岗岩内应力波的衰减系数。

图 4.26(b) 为 200℃加热后自然冷却和水冷却后花岗岩内应力波的衰减系数。可以看出，两种冷却方式处理的花岗岩内应力波的衰减系数随谐波频率的变化趋势是相似的，衰减系数均随谐波频率的增加先缓慢增加，然后迅速增加。当谐波频率在 0~1.5kHz 时，两种冷却方式处理的花岗岩内应力波的衰减系数相似。当谐波频率大于 1.5kHz 时，水冷却后花岗岩内应力波的衰减系数随着谐波频率的增加，逐渐大于自然冷却后花岗岩内应力波的衰减系数。

图 4.26(c) 为 300℃加热后自然冷却和水冷却后花岗岩内应力波的衰减系数。可以看出，两种冷却方式处理的花岗岩内应力波的衰减系数随谐波频率的变化趋势是相似的，衰减系数均随谐波频率的增加先缓慢增加，然后迅速增加。当谐波频率在 0~1kHz 时，两种冷却方式处理的花岗岩内应力波的衰减系数相似。当谐波频率大于 1kHz 时，水冷却后花岗岩内应力波的衰减系数随着谐波频率增长速率明显大于自然冷却后花岗岩内应力波的衰减系数。

图 4.26(d) 为 400℃加热后自然冷却和水冷却后花岗岩内应力波的衰减系数。可以看出，两种冷却方式处理的花岗岩内应力波的衰减系数随谐波频率的变化趋势是相似的，衰减系数均随谐波频率的增加先缓慢增加，然后迅速增加。当谐波频率在 0~0.5kHz 时，两种冷却方式处理的花岗岩内应力波的衰减系数相似。当谐波频率大于 0.5kHz 时，水冷却后花岗岩

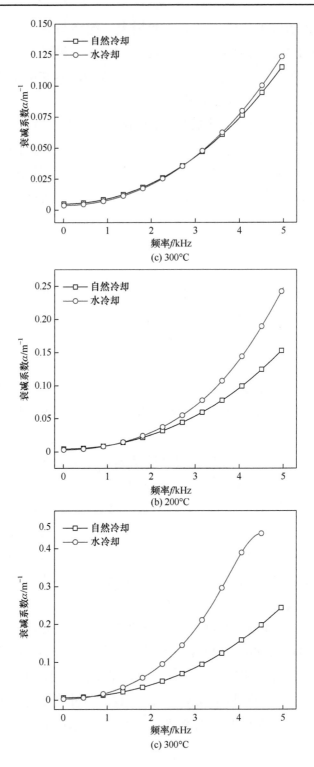

(c) 300℃

(b) 200℃

(c) 300℃

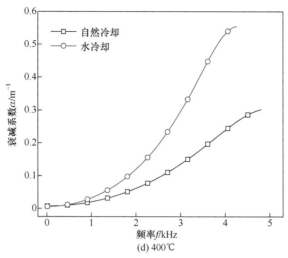

(d) 400℃

图 4.26　自然冷却和水冷却后花岗岩内应力波的衰减系数

内应力波的衰减系数随着谐波频率增长速率明显大于自然冷却后花岗岩内应力波的衰减系数。

　　图 4.27(a) 为 100℃加热后自然冷却和水冷却后花岗岩内应力波的波数。可以看出，两种冷却方式处理的花岗岩内应力波的波数随谐波频率的变化趋势是相似的，波数均随谐波频率的增加线性增加。水冷却后花岗岩内应力波的波数与自然冷却后花岗岩内应力波的波数相似。

　　图 4.27(b) 为 200℃加热后自然冷却和水冷却后花岗岩内应力波的波数。可以看出，两种冷却方式处理的花岗岩内应力波的波数随谐波频率的变化趋势是相似的，波数均随谐波频率的增加线性增加。水冷却后花岗岩内应力波的波数始终大于自然冷却后花岗岩内应力波的波数。随着谐波频率的增加，水冷却后花岗岩内应力波波数与自然冷却后花岗岩内应力波波数的差值逐渐增大。

　　图 4.27(c) 为 300℃加热后自然冷却和水冷却后花岗岩内应力波的波数。可以看出，两种冷却方式处理的花岗岩内应力波的波数随谐波频率的变化趋势是相似的，波数均随谐波频率的增加线性增加。水冷却后花岗岩内应力波波数与自然冷却后花岗岩内应力波波数的差异明显。当谐波频率一定时，水冷却后花岗岩内应力波波数相比于自然冷却后花岗岩内应力波波数增长了 16%。

　　图 4.27(d) 为 400℃加热后自然冷却和水冷却后花岗岩内应力波的波

数。可以看出，两种冷却方式处理的花岗岩内应力波的波数随谐波频率的变化趋势是相似的，波数均随谐波频率的增加线性增加。水冷却后花岗岩内应力波波数与自然冷却后花岗岩内应力波波数的差异最为明显。当谐波频率一定时，水冷却后花岗岩内应力波波数相比于自然冷却后花岗岩内应力波波数增长了 23%。

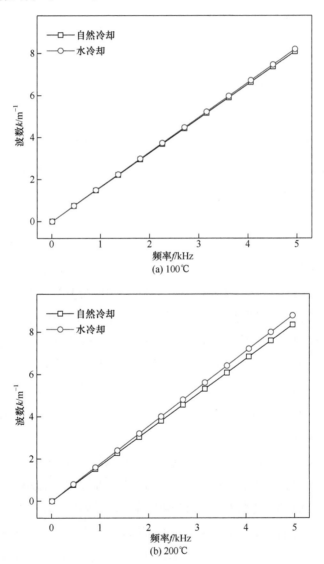

(a) 100℃

(b) 200℃

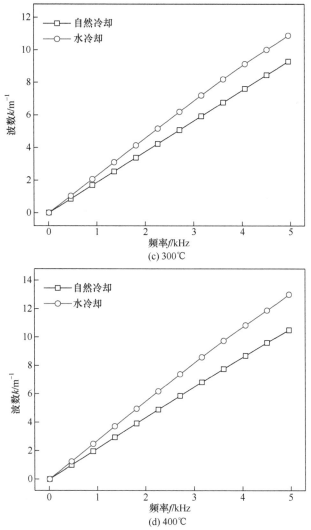

图 4.27　自然冷却和水冷却后花岗岩内应力波的波数

4.2.2　细观裂隙岩体内应力波传播的数值模拟

天然岩体通常存在裂纹、孔洞等不连续结构面，具有不连续性、非均一性和各向异性等特性，对动载荷作用下岩体稳定性起着决定作用。本节主要介绍采用数值流形方法 (numerical manifold method, NMM) 解决细观裂隙岩体内应力波传播的问题。NMM 在解决不连续问题时具有以下优势：引入了双覆盖系统，同时具有数学覆盖和物理覆盖，使其计算网格摆脱了求解域外部或内部边界 (不连续结构面) 的束缚；建模过程不受模型几何形状的限制，便于操作；双覆盖系统有效避免了在数值模拟过程中重新划分网格，极大提高了计算效率；双覆盖系统消除了传统数值方法需要界面元素先验假设的限制。NMM 还可以有效处理不连续体的动态力学问题，能够高效准确地计算应力波的传播规律，被广泛应用于模拟应力波在细观裂隙岩体内的传播[111-113]。在本节中，采用 NMM 对细观裂隙岩体进行数值建模，计算应力波的衰减率、有效速度、衰减系数频谱和波数，讨论细观裂隙几何特性和载荷动力特性对应力波传播规律的影响，阐述细观裂隙长度、细观裂隙数量和入射波频率对应力波衰减特性和传播速度的影响[114]。

图 4.28 为应力波在细观裂隙岩体内传播的数值模型。为了满足一维波传播的要求，消除波传播的横向效应，细观裂隙岩体的长度应远大于宽度的 10 倍以上。图 4.28 中细观裂隙岩体模型长为 2.00m，宽为 0.05m。细观裂隙岩体模型中岩体的密度 ρ 为 2680.98kg/m^3，弹性模量 E 为 75.0GPa，泊松比 μ 为 0.3。模型的接触弹簧刚度 g_0 为 5GN/m。网格尺寸由筛网中的网格数控制，本节选取网格尺寸 N 为 100。为了满足模拟的精度要求，时间步长 Δt 为 1×10^{-6}s。在采用 NMM 模拟时，细观裂隙被视为物理边界的接触。细观裂隙的法向刚度和切向刚度分别采用具有一定接触刚度的法向弹簧和切向弹簧建模，切向刚度是法向刚度的 0.4 倍。细观裂隙被视为不连续界面且随机分布。在 x_A 为 0.01m 的位置 A 处施加入射波，分别在 x_B 为 0.4m、x_C 为 0.8m 和 x_D 为 1.2m 的位置 B、C 和 D 处监测应力波的传播。为了提高数值模拟的精度，减少杆的横向效应，在位置 A 处 30 个等间距加载点处施加动载荷，并分别在位置 B、C 和 D 处 12 个等间距点处收集应力波信号。

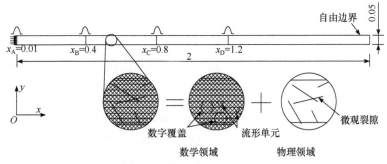

图 4.28 应力波在细观裂隙岩体内传播的数值模型(单位：m)

在细观裂隙岩体左端施加半周期正弦入射波，其波形为

$$\sigma^*(0,t) = \begin{cases} A_0 \sin(2\pi f_0 t), & 0 \leqslant t \leqslant \dfrac{1}{2f_0} \\ 0, & t < 0,\ t > \dfrac{1}{2f_0} \end{cases} \quad (4.53)$$

式中，A_0 为入射波的幅值；f_0 为入射波的频率。

图 4.29 为当 $\sigma_0=1.0\text{MPa}$ 和 $f_0=2500\text{Hz}$ 时，在含 200 个随机分布细观裂隙岩体内应力波传播的数值模拟结果。可以看出，当应力波在细观裂隙岩体内传播时，波形发生改变。随着传播距离的增加，应力波的幅值不断减小，动载荷持续时间增加，应力波出现了明显的衰减和弥散。

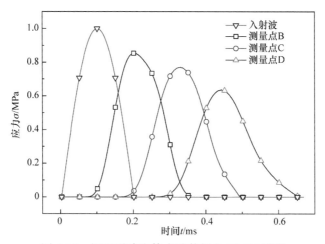

图 4.29　细观裂隙岩体内波传播的 NMM 模拟

对 NMM 模拟得到的应力波开展频谱分析，分别研究了细观裂隙尺寸、数量和入射波频率对应力波传播的作用机制。

1. 细观裂隙长度对应力波传播的影响

以细观裂隙长度 l 分别为 1.25cm、2.50cm 和 3.75cm，细观裂隙数量 $n=400$ 的细观裂隙岩体内应力波的传播为例，研究细观裂隙岩体内应力波传播的衰减系数和波数，其频谱图分别如图 4.30 和图 4.31 所示。

从图 4.30 可以看出：①应力波衰减系数以指数形式随谐波频率的增加而增加。随着细观裂隙长度的增加，衰减系数的增长速率也逐渐增

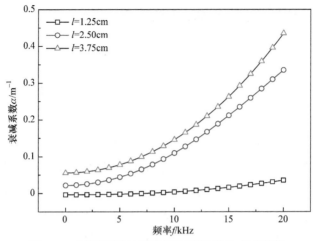

图 4.30　不同裂隙长度的细观裂隙岩体衰减系数

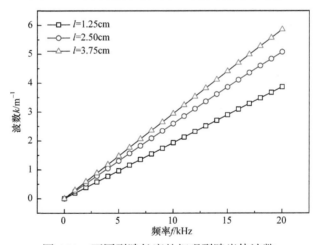

图 4.31　不同裂隙长度的细观裂隙岩体波数

大，如细观裂隙长度 l=3.75cm 时，岩体内纵波传播的衰减系数增长速率比细观裂隙长度 l=1.25cm 时的情况更快。②应力波衰减系数随着细观裂隙长度的减小而减小。当细观裂隙的长度足够小时，应力波衰减系数趋近于零。

从图 4.31 可以看出，细观裂隙岩体内应力波波数以线性形式随谐波频率的增加而增加，应力波波数随着细观裂隙长度的减小而减小。当细观裂隙的长度足够小时，细观裂隙岩体内应力波波数趋近于完整岩石内应力波波数(此时细观裂隙长度等于零)。

2. 细观裂隙数量对应力波传播的影响

以细观裂隙数量 n 分别为 100、200、400 和 600,细观裂隙长度 l=2.5cm 的细观裂隙岩体内应力波的传播为例，研究细观裂隙岩体内应力波传播的衰减系数和波数，其频谱图分别如图 4.32 和图 4.33 所示。

从图 4.32 可以看出，衰减系数随谐波频率的增加而增加。随细观裂隙数量的增加，衰减系数的增长速率也逐渐增大。此外，应力波衰减系数随着细观裂隙数量的减小而减小。

从图 4.33 可以看出，细观裂隙岩体内应力波波数以线性形式随谐波频率的增加而增加。对于固定的谐波频率，细观裂隙岩体内应力波波数随着细观裂隙数量的减小而减小。

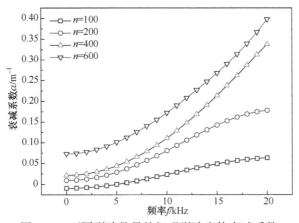

图 4.32　不同裂隙数量的细观裂隙岩体衰减系数

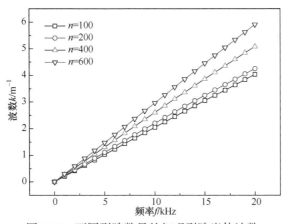

图 4.33　不同裂隙数量的细观裂隙岩体波数

3. 入射波频率对应力波传播的影响

以入射波频率 f_0 分别为 1500Hz、2000Hz、2500Hz 和 3000Hz，细观裂隙数量 $n=400$，细观裂隙长度 $l=2.5$cm 的岩体内应力波传播为例，研究细观裂隙岩体内应力波传播的衰减系数和波数，其频谱图分别如图 4.34 和图 4.35 所示。

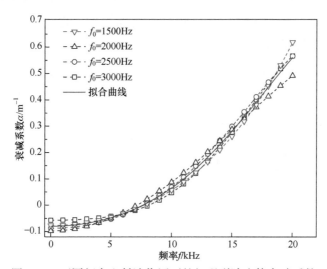

图 4.34　不同频率入射波作用下的细观裂隙岩体衰减系数

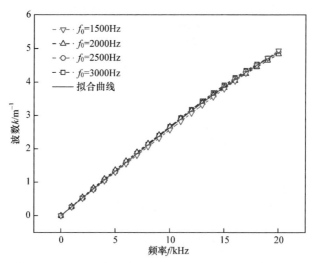

图 4.35　不同频率入射波作用下的细观裂隙岩体波数

从图 4.34 可以看出，衰减系数随着谐波频率的增加而增加，这与图 4.30 和图 4.32 的结果一致。随着谐波频率的增加，衰减系数的增长速率也逐渐增大。对于固定的谐波频率，衰减系数不随入射波频率的变化而变化。

从图 4.35 可以看出，波数以线性形式随谐波频率的增加而增加，这与图 4.31 和图 4.33 的结果一致。对于固定的谐波频率，波数不随入射波频率的变化而变化。因此，应力波衰减系数和波数为材料参数，不随外载荷的变化而变化。

4.2.3　细观裂隙岩体内应力波传播的三特征线分析方法

三特征线分析方法采用差分方式求解应力波在细观裂隙岩体内的传播。在计算过程中将细观裂隙岩体等效为黏弹性连续介质，基于等效黏弹性模型的本构方程以及应力波传播的运动方程和连续方程，建立应力波传播的控制方程，从而在传播方向和传播时间的平面内建立左行、右行和上行三族特征线，将平面分为扰动区域和非扰动区域，其中左行特征线表示斜率为负的特征线方程，右行特征线表示斜率为正的特征线方程，上行特征线表示垂直于横坐标的特征线方程。在扰动区域内引入两类代表单元，即三角形单元和菱形单元。按照给定的初始条件和边界条件，三角形单元可以求得细观裂隙岩体边界点上的应力波，菱形单元可以求得细观裂隙岩体内部的应力波，根据两类代表单元可获得岩体任意位置的应力波时程响应。

1. 控制方程的建立与三族特征线的求解

选取 Maxwell 模型和弹簧 E_a 并联的三单元模型为细观裂隙岩体的等效黏弹性模型，如图 3.5(a) 所示。

图 3.5(a) 中等效黏弹性模型的本构关系可表示为[115]

$$\frac{\partial \varepsilon}{\partial t} - \frac{1}{E_a + E_M} \frac{\partial \sigma}{\partial t} + \frac{E_a E_M \varepsilon}{(E_a + E_M) \eta_M} - \frac{E_M \sigma}{(E_a + E_M) \eta_M} = 0 \qquad (4.54)$$

式中，σ 为质点应力；ε 为质点应变；t 为时间；E_M 为 Maxwell 单元的弹簧弹性模量；η_M 为 Maxwell 单元的黏壶黏性系数；E_a 为与 Maxwell 单元

平行的弹簧弹性模量。

应力波传播的运动方程和连续方程分别为

$$\rho_0 \frac{\partial v}{\partial t} - \frac{\partial \sigma}{\partial x} = 0 \tag{4.55}$$

$$\frac{\partial \varepsilon}{\partial t} - \frac{\partial v}{\partial x} = 0 \tag{4.56}$$

式中，ρ_0 为密度；v 为质点速度。

由式(4.54)～式(4.56)组成求解应力波传播的控制方程，为求解控制方程的特征线方程组和相应的特征相容关系，将待定系数 N、M 和 L 分别乘以式(4.54)～式(4.56)，然后相加得到

$$(L+N)\frac{\partial \varepsilon}{\partial t} + \left(M\rho_0 \frac{\partial v}{\partial t} - L\frac{\partial v}{\partial x} \right) - \left[\frac{N}{(E_a + E_M)}\frac{\partial \sigma}{\partial t} + M\frac{\partial \sigma}{\partial x} \right] + \frac{NE_M(E_a\varepsilon - \sigma)}{(E_a + E_M)\eta_M} = 0 \tag{4.57}$$

为使式(4.57)对任意的特征线方向导数均成立，待定系数 N、M 和 L 应满足

$$\frac{\mathrm{d}x}{\mathrm{d}t} = \frac{0}{L+N} = -\frac{L}{M\rho_0} = \frac{(E_a + E_M)M}{N} \tag{4.58}$$

式(4.58)有两组解，分别为

$$L + N = 0, \quad \rho_0(E_a + E_M)M^2 = -LN \tag{4.59}$$

$$L = M = 0, \quad N \neq 0 \tag{4.60}$$

将式(4.59)代入式(4.58)和式(4.57)，得到两族特征线和相应的特征相容关系，即

$$\frac{\mathrm{d}x}{\mathrm{d}t} = \pm\sqrt{\frac{E_a + E_M}{\rho_0}} = \pm C_P \tag{4.61}$$

$$\mathrm{d}v = \pm\frac{1}{\rho_0 C_P}\mathrm{d}\sigma + \frac{\sigma - E_a\varepsilon}{(E_a + E_M)\theta_M}\mathrm{d}x \tag{4.62}$$

式中，C_P 为岩石的波速；θ_M 为松弛时间，等于 η_M 与 E_M 之比。

将式(4.60)分别代入式(4.58)和式(4.57)，得到第三族特征线和相应的特征相容关系，即

$$dx = 0 \tag{4.63}$$

$$d\varepsilon - \frac{d\sigma}{E_a + E_M} - \frac{\sigma - E_a\varepsilon}{(E_a + E_M)\theta_M}dt = 0 \tag{4.64}$$

式(4.61)和式(4.63)组成了求解应力波在细观裂隙岩体内传播的三族特征线。三特征线方法如图 4.36 所示。可以看出，三特征线方法由三角形单元和菱形单元组成，当初始条件和边界条件已知时，可以根据三族特征线对应的特征相容关系求解 x-t 平面上任意一点的应力 σ、应变 ε 和速度 v。

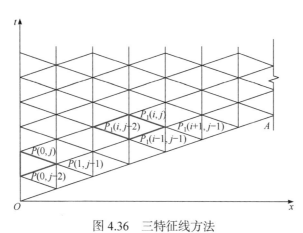

图 4.36　三特征线方法

2. 特征线 OA 上应力波的传播

假定岩杆初始处于静止的未扰动状态，当在杆端施加载荷 $\sigma^*(0,t)$ 时，应力波沿特征线 OA 传播，根据特征线 OA 对应的特征相容条件式(4.65)和 Hugoniot 关系式(4.66)和式(4.67)可求得特征线 OA 上的应力 σ、应变 ε 和速度 v。

$$dv = \frac{1}{\rho_0 C_P}d\sigma + \frac{\sigma - E_a\varepsilon}{\rho_0 C_P \theta_M}dt = \frac{1}{\rho_0 C_P}d\sigma + \frac{\sigma - E_a\varepsilon}{(E_a + E_M)\theta_M}dx \tag{4.65}$$

$$\varepsilon = -\frac{v}{C_P} \tag{4.66}$$

$$v = -\frac{\sigma}{\rho_0 C_P} \tag{4.67}$$

将式(4.66)和式(4.67)代入式(4.65)，使 OA 特征线对应的特征相容关系简化为关于 σ 的一阶常微分方程，即

$$\frac{\mathrm{d}\sigma}{\mathrm{d}x} = -\frac{\rho_0 C_P \sigma}{2\eta_M \left(1 + E_a / E_M\right)^2} \tag{4.68}$$

式(4.68)的通解为

$$\sigma = R\exp\left[-\frac{\rho_0 C_P x}{2\eta_M \left(1 + E_a / E_M\right)^2}\right] \tag{4.69}$$

式中，R 为积分常数。

在特征线 OA 上，根据边界条件可知当 $x = 0$ 时，$\sigma = \sigma^*(0, 0)$，代入式(4.69)，可确定积分常数 $R = \sigma^*(0, 0)$。将式(4.69)代入式(4.66)和式(4.67)，可解得特征线 OA 上的应力 σ、应变 ε 和速度 v，分别为

$$\sigma(x,t) = \sigma^*(0,0)\exp\left[-\frac{\rho_0 C_P}{2\eta_M \left(1 + E_a / E_M\right)^2}x\right] \tag{4.70}$$

$$\varepsilon(x,t) = \frac{\sigma^*(0,0)}{E_a + E_M}\exp\left[-\frac{\rho_0 C_P}{2\eta_M \left(1 + E_a / E_M\right)^2}x\right] \tag{4.71}$$

$$v(x,t) = -\frac{\sigma^*(0,0)}{\rho_0 C_P}\exp\left[-\frac{\rho_0 C_P}{2\eta_M \left(1 + E_a / E_M\right)^2}x\right] \tag{4.72}$$

求得沿特征线 OA 上的应力 σ、应变 ε 和速度 v 后，可以进一步求解 AOt 区域内的应力波。其中可根据三角形单元求解左边界点上的应力波，根据菱形单元求解内点的应力波。

3. 利用三角形单元求解细观裂隙岩体边界点上的应力波

图 4.36 中的左边界特征线 Ot 的 σ 值由杆端边界条件给定。图 4.36 中

左边界点 $P(0, j)$ 的质点速度 $v(0, j)$ 和应变 $\varepsilon(0, j)$ 可由特征线 $P(1, j-1)P(0, j)$ 和 $P(0, j-2)P(0, j)$ 上的特征相容条件解得，即

$$v(0, j) = v(1, j-1) - \frac{1}{\rho_0 C_P} \big[\sigma(0, j) - \sigma(1, j-1) \big]$$

$$+ \frac{\sigma(1, j-1) - E_a \varepsilon(1, j-1)}{(E_a + E_M)\theta_M} \big[x(0, j) - x(1, j-1) \big] \qquad (4.73)$$

$$\varepsilon(0, j) = \varepsilon(0, j-2) + \frac{1}{E_a + E_M} \big[\sigma(0, j) - \sigma(0, j-2) \big]$$

$$+ \frac{\sigma(0, j-2) - E_a \varepsilon(0, j-2)}{(E_a + E_M)\theta_M} \big[t(0, j) - t(0, j-2) \big] \qquad (4.74)$$

4. 利用菱形单元求解细观裂隙岩体内部的应力波

图 4.36 中内点 $P_1(i, j)$ 的速度 $v(i, j)$、应变 $\varepsilon(i, j)$ 和应力 $\sigma(i, j)$ 可由特征线 $P_1(i-1, j-1)P_1(i, j)$、$P_1(i+1, j-1)P_1(i, j)$ 和 $P_1(i, j-2)P_1(i, j)$ 上的特征相容条件联立求解，即

$$v(i, j) - v(i-1, j-1) = \frac{1}{\rho_0 C_P} \big[\sigma(i, j) - \sigma(i-1, j-1) \big]$$

$$+ \frac{\sigma(i-1, j-1) - E_a \varepsilon(i-1, j-1)}{(E_a + E_M)\theta_M} \big[x(i, j) - x(i-1, j-1) \big]$$

$$(4.75)$$

$$v(i, j) - v(i+1, j-1) = -\frac{1}{\rho_0 C_P} \big[\sigma(i, j) - \sigma(i+1, j-1) \big]$$

$$+ \frac{\sigma(i+1, j-1) - E_a \varepsilon(i+1, j-1)}{(E_a + E_M)\theta_M} \big[x(i, j) - x(i+1, j-1) \big]$$

$$(4.76)$$

三特征线分析方法是一种基于时域分析的计算方法，可以有效求解细观裂隙岩体内应力波的等效速度和衰减特性，准确直观地反映应力波在细观裂隙岩体内的传播规律。

第5章　岩体内应力波传播的位移
不连续方法

5.1　线性变形节理岩体内应力波传播的
位移不连续方法

5.1.1　时域分析方法

天然岩体内存在大量的节理，往往支配着岩体的动态力学行为[116-147]。当节理受到动载荷作用时，基于长度较长但厚度较小的几何特性，通常认为节理两侧的应力场是连续的，而位移场是不连续的。节理前后位移场的差异即为节理的闭合量(张开量)。当幅值较小的应力波通过节理时，节理产生线性变形，可采用线性位移不连续方法研究线性变形节理对应力波传播的影响，节理处的线性位移不连续条件为

$$\sigma^- = \sigma^+ = \sigma \tag{5.1}$$

$$u^- - u^+ = \frac{\sigma}{k_n} \tag{5.2}$$

式中，σ 为法向应力；u 为节理的法向位移；上角标 "−" 和 "+" 分别表示节理前后的力学参数；k_n 为节理的刚度。

如图 5.1 所示，初始处于未扰动状态的岩体在 $x = x_1$ 处存在单条线性节理。当 $t = 0$ 时，在岩体左边界 $x = 0$ 处施加法向应力波 $p(t)$。当应力波在节理处传播时，满足位移不连续条件式(5.1)和式(5.2)。式(5.2)对时间求导，在 $x = x_1$ 处可得

$$v^-(x_1, t) - v^+(x_1, t) = \frac{1}{k_n} \frac{\partial \sigma(x_1, t)}{\partial t} \tag{5.3}$$

式中，$v^-(x_1, t)$ 和 $v^+(x_1, t)$ 分别为节理前后的质点速度。

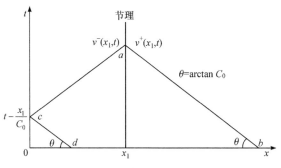

图 5.1　特征线方法

Cai 等[108]采用特征线方法来求解应力波在节理岩体内传播的波动方程。根据波动方程可求解两族特征线方程为式(2.14)，相应的特征相容关系为式(2.15)。两族特征线中左行和右行特征线分别对应于 x-t 平面中斜率为 C_0 的直线和斜率为 $-C_0$ 的直线，如图 5.1 所示。对式(2.15)积分，得到左行和右行特征线对应的特征相容关系，即

$$zv(x,t) - \sigma(x,t) = \text{const.} \qquad (5.4)$$

$$zv(x,t) + \sigma(x,t) = \text{const.} \qquad (5.5)$$

在 $t = 0$ 时，岩体处于未扰动状态。因此，在图 5.1 中 x 轴上每一点的质点速度 $v(x, t)$ 和质点应力 $\sigma(x, t)$ 都等于 0。根据式(5.4)可知，左行特征线 ab 对应的特征相容关系为

$$zv^+(x_1,t) - \sigma(x_1,t) = 0 \qquad (5.6)$$

同理，右行特征线 ac 与 t 轴在点 $(0, t-x_1/C_0)$ 处相交，且 $v^-(t-x_1/C_0)$ 等于 $p(t-x_1/C_0)$。因此，根据式(5.5)可知，右行特征线 ac 对应的特征相容关系为

$$zv^-(x_1,t) + \sigma(x_1,t) = zp\left(0, t - \frac{x_1}{C_0}\right) + \sigma\left(0, t - \frac{x_1}{C_0}\right) \qquad (5.7)$$

左行特征线 cd 对应的特征相容关系为

$$zp\left(0, t - \frac{x_1}{C_0}\right) - \sigma\left(0, t - \frac{x_1}{C_0}\right) = 0 \qquad (5.8)$$

联立式(5.6)～式(5.8)，可得

$$v^-(x_1,t) + v^+(x_1,t) = 2p\left(0, t - \frac{x_1}{C_0}\right) \tag{5.9}$$

联立式(5.3)和式(5.6)，可得

$$v^-(x_1,t) - v^+(x_1,t) = \frac{z\partial v^+(x_1,t)}{k_n\partial t} \tag{5.10}$$

将式(5.10)代入式(5.9)，可得

$$\frac{\partial v^+(x_1,t)}{\partial t} = \frac{2k_n}{z}\left[p\left(0, t - \frac{x_1}{C_0}\right) - v^+(x_1,t)\right] \tag{5.11}$$

当 Δt 足够小时，

$$\frac{\partial v^+(x_1,t)}{\partial t} = \frac{v^+(x_1,t_{j+1}) - v^+(x_1,t_j)}{\Delta t} \tag{5.12}$$

将式(5.12)代入式(5.11)，可得

$$v^+(x_1,t_{j+1}) = \frac{2k_n\Delta t}{z}\left[p\left(0, t - \frac{x_1}{C_0}\right) - v^+(x_1,t_j)\right] + v^+(x_1,t_j) \tag{5.13}$$

已知入射波的质点速度 $p(t)$ 和初始条件 $v^+(x_1, 0)$，透射波 $v^+(x_1, t)$ 可由式(5.13)迭代计算得到。在计算过程中，减小时间步长 Δt 可有效提高透射波 $v^+(x_1, t)$ 数值解的精度，但会降低计算效率，提高计算成本。因此，选择合适的时间步长 Δt 至关重要。另外，可由式(5.9)得到入射波和反射波的叠加波形 $v^-(x_1, t)$，将叠加波形 $v^-(x_1, t)$ 减去入射波可得反射波。

定义透射系数为

$$T_v = \frac{\max(v_t)}{\max(v_i)} \tag{5.14}$$

定义反射系数为

$$R_v = \frac{\max(v_r)}{\max(v_i)} \tag{5.15}$$

式中，v_t 为透射波的质点速度；v_i 为入射波的质点速度；v_r 为反射波的质点速度。

本节通过以下案例介绍时域内的位移不连续方法。计算中，完整岩石密度 $\rho_0 = 2400kg/m^3$，岩石弹性模量 $E = 48.6GPa$，线性变形节理刚度 $k_n = 3.5GPa/m$，幅值 $A_0 = 1m/s$，频率 $f_0 = 50Hz$。

图 5.2 所示为应力波通过线性变形节理的波形图。可以看出，应力波通过线性变形节理时，透射波的幅值会发生明显的衰减，动载荷持续时间增加，透射波的波形发生弥散，同时还存在滞后现象。由透射波的波形可以看出，加载阶段受节理的影响较小，而卸载阶段受节理的影响较大。

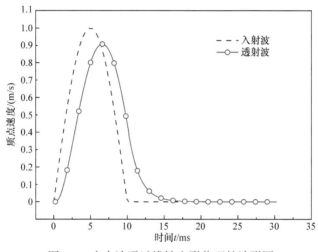

图 5.2　应力波通过线性变形节理的波形图

图 5.3 描述了不同节理刚度条件下透射系数入射波频率的关系。可以看出，当入射波频率较小时，随着频率的增加，透射系数由 1 开始缓慢减小；随着频率的进一步增加，透射系数急剧减小；当入射波频率较大时，随着频率的增加，透射系数缓慢减小并趋近于 0，此时说明节理具有高频滤波的作用。另外，对于固定的入射波频率，透射系数随着节理刚度的减小而减小。

图 5.4 描述了不同入射波频率下透射系数与节理刚度的关系。可以看出，随着节理刚度的增加，透射系数逐渐增大。当入射波频率较小时，节理刚度对透射系数的影响较小，透射系数趋近于 1;当入射波频率较大时，节理刚度对透射系数的影响较大。另外，对于固定的节理刚度，透射系数随着入射波频率的增大而减小。

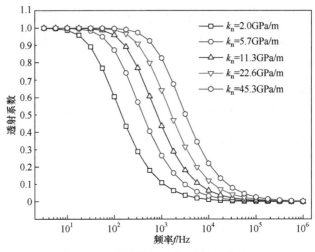

图 5.3　透射系数与入射波频率的关系

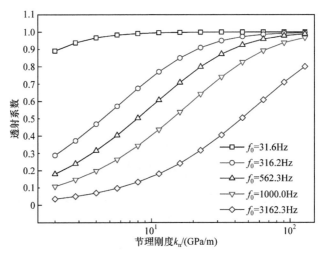

图 5.4　透射系数与节理刚度的关系

5.1.2　频域分析方法

本节简要介绍基于频谱分析的位移不连续方法，研究应力波在线性变形节理岩体内的传播规律[148]。

如图 5.5 所示，初始处于未扰动状态的岩体在 x_1 处存在单条线性节理，在节理左侧任意位置处有一垂直于节理且沿 x 轴正方向传播的入射波，假定入射波为波动方程式(2.9)的简谐形式解，可表示为

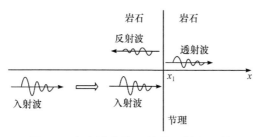

图 5.5　应力波在节理处的反射和透射

$$u^{(0)} = A_0 \exp\left[ik\left(x - x_1 + V_p t\right)\right] \tag{5.16}$$

同理，反射波的简谐形式解可表示为

$$u^{(1)} = A_1 \exp\left[ik\left(-x + x_1 + V_p t\right)\right] \tag{5.17}$$

透射波的简谐形式解可表示为

$$u^{(2)} = A_2 \exp\left[ik\left(x - x_1 + V_p t\right)\right] \tag{5.18}$$

根据连续方程 $\varepsilon = \partial u / \partial x$ 和胡克定律 $\sigma = E\varepsilon$，可知入射波、反射波和透射波的应力解为

$$\sigma^{(0)} = iEkA_0 \exp\left[ik\left(x - x_1 + V_p t\right)\right] \tag{5.19}$$

$$\sigma^{(1)} = -iEkA_1 \exp\left[ik\left(-x + x_1 + V_p t\right)\right] \tag{5.20}$$

$$\sigma^{(2)} = iEkA_2 \exp\left[ik\left(x - x_1 + V_p t\right)\right] \tag{5.21}$$

当应力波通过线性变形节理时,可采用式(5.1)和式(5.2)所示的线性位移不连续边界条件描述节理的边界条件。因此，结合式(5.19)～式(5.21)，在节理($x = x_1$)处，得到节理前后的应力场，即

$$\sigma^- = \sigma^{(0)} + \sigma^{(1)} = iEkA_0 \exp\left(ikV_p t\right) - iEkA_1 \exp\left(ikV_p t\right) \tag{5.22}$$

$$\sigma^+ = \sigma^{(2)} = iEkA_2 \exp\left(ikV_p t\right) \tag{5.23}$$

同理，结合式(5.16)～式(5.18)，得到节理前后的位移场，即

$$u^- = u^{(0)} + u^{(1)} = A_0 \exp\left(ikV_p t\right) + A_1 \exp\left(ikV_p t\right) \tag{5.24}$$

$$u^+ = u^{(2)} = A_2 \exp\left(ikV_p t\right) \tag{5.25}$$

将式(5.22)和式(5.23)代入式(5.1)，可得

$$iEkA_0 \exp\left(ikV_p t\right) - iEkA_1 \exp\left(ikV_p t\right) = iEkA_2 \exp\left(ikV_p t\right) \tag{5.26}$$

式中，k 为波数。

$$k = \frac{\omega}{V_P} \tag{5.27}$$

式中，V_P 为相速度。

另外，式(5.26)中 E 为弹性模量，可表示为

$$E = \frac{\rho_0}{V_P^2} \tag{5.28}$$

将式(5.24)和式(5.25)代入式(5.2)，可得

$$A_0 \exp(ikV_P t) + A_1 \exp(ikV_P t) - A_2 \exp(ikV_P t) = \frac{iEkA_2 \exp(ikV_P t)}{k_n} \tag{5.29}$$

结合式(5.26)和式(5.29)，可得

$$\begin{cases} A_0 - A_1 = A_2 \\ A_0 + A_1 - A_2 = \dfrac{i\rho V_P \omega A_2}{k_n} \end{cases} \tag{5.30}$$

式(5.30)两边同时除以 A_0，可得

$$\begin{cases} 1 - \dfrac{A_1}{A_0} = \dfrac{A_2}{A_0} \\ 1 + \dfrac{A_1}{A_0} = \left(\dfrac{i\rho V_P \omega}{k_n} + 1 \right) \dfrac{A_2}{A_0} \end{cases} \tag{5.31}$$

根据式(5.31)可以得到应力波法向入射通过单条线性变形节理时的透射系数和反射系数，即

$$T = \left| \frac{A_2}{A_0} \right| = \sqrt{\frac{4\left(\dfrac{k_n}{z\omega}\right)^2}{4\left(\dfrac{k_n}{z\omega}\right)^2 + 1}} \tag{5.32}$$

$$R = \left| \frac{A_1}{A_0} \right| = \sqrt{\frac{1}{4\left(\dfrac{k_n}{z\omega}\right)^2 + 1}} \tag{5.33}$$

式中，T 为透射系数；R 为反射系数；z 为波阻抗；ω 为入射波角频率。

由式(5.32)和式(5.33)可知，T 和 R 与入射波的频率、节理刚度和岩石波阻抗相关。

5.2 非线性变形节理岩体内应力波传播的位移不连续方法

当应力波的幅值较大时，节理会发生非线性变形，通常采用非线性位移不连续方法研究应力波在非线性变形节理处的传播。图 3.1 为描述节理非线性变形特性的 BB 模型。与 5.1.1 节中应力波通过线性变形节理相似，节理位于 x_1 处，节理处的非线性位移不连续条件为

$$\sigma^-\left(x_1,t\right)=\sigma^+\left(x_1,t\right)=\sigma\left(x_1,t\right) \tag{5.34}$$

$$u^-\left(x_1,t\right)-u^+\left(x_1,t\right)=\frac{\sigma\left(x_1,t\right)}{k_{\mathrm{ni}}+\dfrac{\sigma\left(x_1,t\right)}{d_{\max}}} \tag{5.35}$$

式中，k_{ni} 为初始节理刚度。

对式(5.35)求导，可得

$$v^-\left(x_1,t\right)-v^+\left(x_1,t\right)=\frac{\partial\sigma\left(x_1,t\right)}{\partial t}\frac{1}{k_{\mathrm{ni}}+\dfrac{\sigma\left(x_1,t\right)}{d_{\max}}}-\frac{\partial\sigma\left(x_1,t\right)}{\partial t}\frac{\sigma\left(x_1,t\right)}{d_{\max}\left(k_{\mathrm{ni}}+\dfrac{\sigma\left(x_1,t\right)}{d_{\max}}\right)^2}$$

$$\tag{5.36}$$

将非线性位移不连续方法与特征线方法相结合，研究应力波在非线性变形节理岩体内的传播问题。特征线方法如图 5.1 所示，特征线 ab、ac 和 cd 对应的特征相容关系为式(5.6)~式(5.8)。

联立式(5.36)和式(5.6)，可得

$$v^-\left(x_1,t\right)-v^+\left(x_1,t\right)=\frac{z\partial v^+\left(x_1,t\right)}{\partial t}\frac{1}{k_{\mathrm{ni}}+\dfrac{zv^+\left(x_1,t\right)}{d_{\max}}}$$

$$-\frac{z\partial v^+(x_1,t)}{\partial t}\frac{zv^+(x_1,t)}{d_{\max}\left(k_{\text{ni}}+\dfrac{zv^+(x_1,t)}{d_{\max}}\right)^2} \tag{5.37}$$

将式(5.37)代入式(5.36)，可得

$$\frac{\partial v^+(x_1,t)}{\partial t}=\frac{2p\left(0,t-\dfrac{x_1}{C_0}\right)-2v^+(x_1,t)}{\dfrac{z}{k_{\text{ni}}+\dfrac{zv^+(x_1,t)}{d_{\max}}}-\dfrac{z^2v^+(x_1,t)}{d_{\max}\left(k_{\text{ni}}+\dfrac{zv^+(x_1,t)}{d_{\max}}\right)^2}} \tag{5.38}$$

当 Δt 足够小时，

$$\frac{\partial v^+(x_1,t)}{\partial t}=\frac{v^+(x_1,t_{j+1})-v^+(x_1,t_j)}{\Delta t} \tag{5.39}$$

式(5.39)代入式(5.38)，可得

$$v^+(x_1,t_{j+1})=\frac{\Delta t\left(2p\left(0,t-\dfrac{x_1}{C_0}\right)-2v^+(x_1,t_j)\right)}{\dfrac{z}{k_{\text{ni}}+\dfrac{zv^+(x_1,t_j)}{d_{\max}}}-\dfrac{z^2v^+(x_1,t_j)}{d_{\max}\left(k_{\text{ni}}+\dfrac{zv^+(x_1,t_j)}{d_{\max}}\right)^2}}+v^+(x_1,t_j) \tag{5.40}$$

与 5.1.1 节应力波通过线性变形节理岩体相似，已知入射波的质点速度 $p(t)$ 和初始条件 $v^+(x_1,0)$，非线性变形节理岩体内的透射波 $v^+(x_1,t)$ 可由式(5.40)迭代计算得到。

引入非线性系数 γ 描述应力波作用下节理的闭合程度：

$$\gamma=\frac{d}{d_{\max}} \tag{5.41}$$

式中，d 为节理闭合量；$d_{\max}$ 为节理最大允许闭合量。

图 5.6 描述了不同初始节理刚度条件下透射系数与非线性系数的关系。从图 5.6 可以看出，随着非线性系数的增加，透射系数逐渐增大并趋近于 1。对于固定的非线性系数，透射系数随着初始节理刚度的增大而增大。另外，随着非线性系数的增大，非线性变形节理的透射系数从线性变形节理的透射系数增长到 1。当非线性系数足够小时，非线性变形节理的透射系数接近线性变形节理的透射系数。当非线性系数足够大时，非线性变形节理的透射系数接近 1。

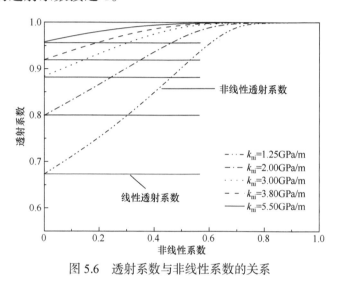

图 5.6 透射系数与非线性系数的关系

5.3 复杂岩体内应力波传播的位移不连续方法

在天然复杂岩体内，普遍存在节理两侧岩石力学特性不同的情况，如图 5.7 所示。当应力波通过两侧岩石力学特性不同的节理时，其传播规律不仅受到节理特性的影响，还受到节理两侧岩石力学特性差异的影响，如图 5.7(a) 所示。如何在现有应力波传播分析方法的基础上，研究节理两侧岩石力学特性差异对复杂岩体内应力波传播规律的影响具有重要的意义。本节以节理两侧岩石力学特性不同的情况为例，其代表单元如图 5.7(b) 所示，介绍改进的特征线方法，研究节理两侧岩石的波阻抗比对应力波传播规律的影响。

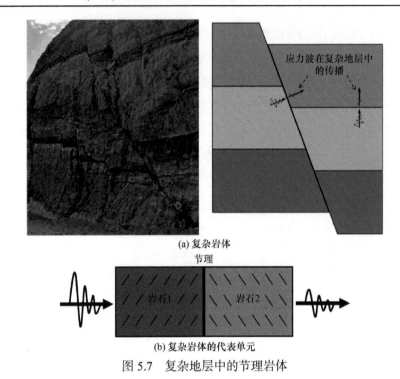

(a) 复杂岩体

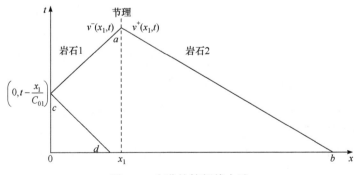

(b) 复杂岩体的代表单元

图 5.7　复杂地层中的节理岩体

5.3.1　改进的特征线方法

　　为了研究节理两侧岩石波阻抗不同的岩体内应力波传播规律，采用图 5.8 所示的改进特征线方法[149]。节理两侧岩石的波阻抗不同，岩石波速不同，导致节理两侧特征线的斜率不同。节理前的左行和右行特征线的斜率分别为 $-1/C_{01}$ 和 $1/C_{01}$，节理后的左行和右行特征线的斜率分别为 $-1/C_{02}$ 和 $1/C_{02}$，其中 C_{01} 和 C_{02} 分别是节理前后完整岩石内波传播的速度。

图 5.8　改进的特征线方法

节理 $x=x_1$ 处的位移不连续边界条件为式(5.1)和式(5.2)。在时间 $t=0$ 时，岩体未受到干扰，初始条件为 $v(x,0)=0$，$\sigma(x,0)=0$。左行特征线 ab 对应的特征相容关系为

$$z_2 v^+\left(x_1,t\right)-\sigma\left(x_1,t\right)=0 \tag{5.42}$$

式中，z_2 为节理后岩石的波阻抗。

右行特征线 ac 对应的特征相容关系为

$$z_1 v^-\left(x_1,t\right)+\sigma\left(x_1,t\right)=z_1 v\left(0,t-\frac{x_1}{C_{01}}\right)+\sigma\left(0,t-\frac{x_1}{C_{01}}\right) \tag{5.43}$$

式中，z_1 为节理前岩石的波阻抗。

左行特征线 cd 对应的特征相容关系为

$$z_1 v\left(0,t-\frac{x_1}{C_{01}}\right)-\sigma\left(0,t-\frac{x_1}{C_{01}}\right)=0 \tag{5.44}$$

将式(5.44)代入式(5.43)，可得

$$z_1 v^-\left(x_1,t\right)+\sigma\left(x_1,t\right)=2z_1 v\left(0,t-\frac{x_1}{C_{01}}\right) \tag{5.45}$$

将式(5.42)代入式(5.45)，可得节理前后质点速度的关系式为

$$z_1 v^-\left(x_1,t\right)+z_2 v^+\left(x_1,t\right)=2z_1 v\left(0,t-\frac{x_1}{C_{01}}\right) \tag{5.46}$$

将式(5.3)和式(5.42)代入式(5.46)，可得

$$v^-\left(x_1,t\right)-v^+\left(x_1,t\right)=\frac{z_2 \partial v^+\left(x_1,t\right)}{k_n \partial t} \tag{5.47}$$

将式(5.47)代入式(5.46)，可得

$$\frac{\partial v^+\left(x_1,t\right)}{\partial t}=\frac{2k_n}{z_2}v\left(0,t-\frac{x_1}{C_{01}}\right)-k_n\left(\frac{1}{z_2}+\frac{1}{z_1}\right)v^+\left(x_1,t\right) \tag{5.48}$$

将式(5.12)代入式(5.48)，可得

$$v^+\left(x_1,t_{j+1}\right)=\frac{2k_n\Delta t}{z_2}v\left(0,t-\frac{x_1}{C_{01}}\right)+\left[1-k_n\Delta t\left(\frac{1}{z_1}+\frac{1}{z_2}\right)\right]v^+\left(x_1,t_j\right) \tag{5.49}$$

式(5.49)为应力波在复杂岩体内传播的透射波表达式。已知入射波 $v(0, t-x_1/C_{01})$ 和初始质点速度 $v^+(x_1, 0)$，可得节理后任意时刻的质点速度 $v^+(x_1, t)$，即透射波的质点速度。

5.3.2　应力波在复杂岩体内的透射规律

从式(5.49)可以看出，应力波在节理两侧岩石波阻抗不同的岩体内传播时，应力波传播特性不仅受到节理特性和动载荷特性的影响，也受到节理两侧岩石波阻抗的影响。为了描述节理两侧岩石材料特性的差异对应力波传播规律的影响。定义波阻抗比为

$$n = \frac{z_1}{z_2} \tag{5.50}$$

1. 应力波通过波阻抗比 $n < 1$ 的岩体的传播规律

选取波阻抗比 n 分别为 0.785 和 0.633。图 5.9(a) 和 (b) 为应力波在波阻抗比 n 分别为 0.633 和 0.785 的岩体内传播时的入射波和相应透射波的质点速度和应力。

从图 5.9(a) 可以看出，应力波通过节理时，透射波的速度幅值均小于入射波的速度幅值，且波形发生弥散。当波阻抗比 $n = 0.633$ 时，速度透射系数 $T_v = 0.691$；当波阻抗比 $n = 0.785$ 时，速度透射系数 $T_v = 0.796$。因此，当应力波通过节理后，质点速度幅值会衰减且传播速度会减慢。另外，波阻抗比较小的岩体，其透射波速度幅值较小；波阻抗比较大的岩体，其透射波速度幅值较大。

从图 5.9(b) 可以看出，当波阻抗比 $n = 0.633$ 时，应力透射系数 $T_s = 1.092$；当波阻抗比 $n = 0.785$ 时，应力透射系数 $T_s = 1.015$。因此，波阻抗比越大，应力透射系数越小。另外，当应力波从波阻抗小的岩石向波阻抗大的岩石传播时，透射波的应力幅值会大于入射波的应力幅值，这与应力波在节理两侧岩石波阻抗相等的岩体内传播的结果不一致。说明当节理两侧岩石的波阻抗不相等时，会产生应力波放大效应。

2. 应力波通过波阻抗比 $n > 1$ 的岩体的传播规律

图 5.10(a) 给出了节理前后岩石的波阻抗比 n 分别为 3.267 和 2.140

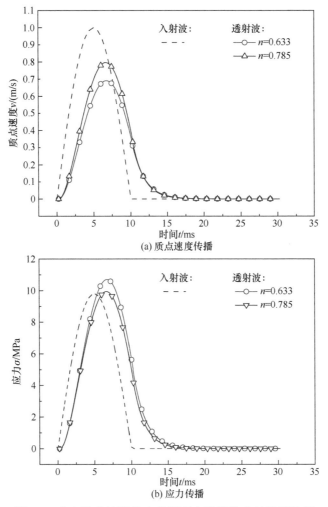

图 5.9　应力波从波阻抗小的岩石向波阻抗大的岩石传播

时，速度波在波阻抗比 $n > 1$ 的岩体内的传播规律。可以看出，当波阻抗比 $n = 2.140$ 时，速度透射系数 $T_v = 1.315$；当波阻抗比 $n = 3.267$ 时，速度透射系数 $T_v = 1.502$。因此，波阻抗比越大，速度波的速度透射系数越大。另外，透射波的速度幅值大于入射波的速度幅值且波形发生弥散。

图 5.10(b) 给出了节理前后岩石的波阻抗比 n 分别为 3.267 和 2.140 时，应力波在波阻抗比 $n > 1$ 的岩体内的传播规律。可以看出，当波阻抗比 $n = 2.140$ 时，应力透射系数 $T_s = 0.615$；当波阻抗比 $n = 3.267$ 时，应力透射系数 $T_s = 0.460$。因此，波阻抗比越大，应力波的应力透射系数

越小。另外，透射波的应力幅值小于入射波的应力幅值且波形发生弥散。

对比图 5.9 和图 5.10 可以看出，应力波在节理前后波阻抗不相等的岩体内传播时，并不总是衰减的。这个结果不同于应力波在节理前后岩石波阻抗相等的岩体内的传播。当入射波为速度形式时，放大效应发生在应力波从波阻抗大的岩石向波阻抗小的岩石传播时；当入射波为应力形式时，放大效应发生在应力波从波阻抗小的岩石向波阻抗大的岩石传播时。

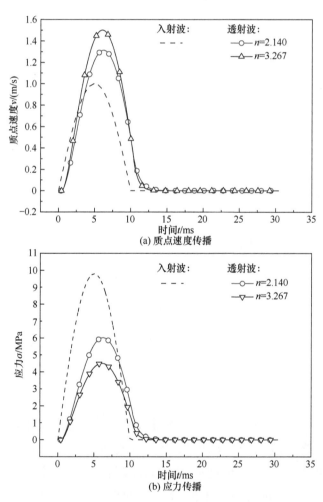

(a) 质点速度传播

(b) 应力传播

图 5.10　应力波从波阻抗大的岩石向波阻抗小的岩石传播

5.3.3　影响复杂岩体内应力波传播特性的主要参数分析

1. 入射波频率的影响

图 5.11(a) 为当波阻抗比 $n = 0.633$、应力波通过不同刚度 k_n 的节理时，速度透射系数与入射波频率的关系。可以看出，速度透射系数随入射波频率的增加不断减小，当入射波频率较小时，速度透射系数随入射波频率的增大而保持小于 1 的某个定值，此定值为速度透射系数的最大值；随着入射波频率的进一步增大，速度透射系数迅速减小；当入射波频率较大时，速度透射系数趋近于零。另外，速度透射系数 $T_v < 1$，说明应力波从波阻抗小的岩石向波阻抗大的岩石传播时，质点速度总是衰减的。

图 5.11(b) 为当波阻抗比 $n = 3.267$、应力波通过不同刚度 k_n 的节理时，速度透射系数与入射波频率的关系。可以看出，速度透射系数随入射波频率的增加不断减小，当入射波频率较小时，速度透射系数随入射波频率的增大而保持大于 1 的某个定值，此定值为速度透射系数的最大值；随着频率的进一步增大，速度透射系数迅速减小；当入射波频率较大时，速度透射系数趋近于零。另外，当入射波频率较小时，速度透射系数 $T_v > 1$，说明当应力波从波阻抗大的岩石向波阻抗小的岩石传播时，质点速度会产生放大效应，且入射波频率越小，质点速度的放大效应越明显。

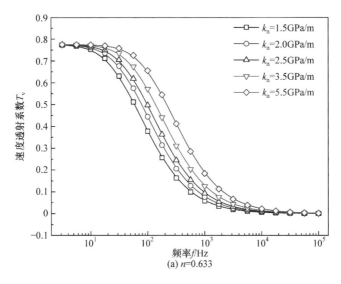

(a) $n = 0.633$

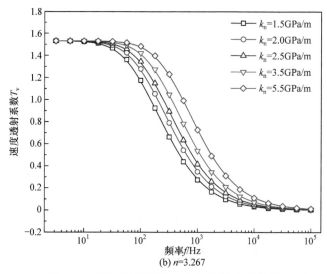

图 5.11　速度透射系数与入射波频率的关系

图 5.12(a) 为当波阻抗比 $n = 0.633$、应力波通过不同刚度 k_n 的节理时，应力透射系数与入射波频率的关系。可以看出，应力透射系数随入射波频率的增加不断减小，当入射波频率较小时，应力透射系数随入射波频率的增大而保持大于 1 的某个定值，此定值为应力透射系数的最大值；随着入射波频率的进一步增大，应力透射系数迅速减小；当入射波频率较大时，应力透射系数趋近于零。另外，当入射波频率较小时，应力透射系数会出现 $T_s > 1$ 的情况，说明当应力波从波阻抗小的岩石向波阻抗大的岩石传播时，应力会产生放大效应，且频率越小，应力的放大效应越明显。

图 5.12(b) 为当波阻抗比 $n = 3.267$、应力波通过不同刚度 k_n 的节理时，应力透射系数与入射波频率的关系。可以看出，应力透射系数随入射波频率的增加不断减小，当入射波频率较小时，应力透射系数随入射波频率的增大而保持小于 1 的某个定值，此定值为应力透射系数的最大值；随着入射波频率的进一步增大，应力透射系数迅速减小；当入射波频率较大时，应力透射系数趋近于零。另外，应力透射系数 $T_s < 1$，说明当应力波从波阻抗大的岩石向波阻抗小的岩石传播时，应力总是衰减的。

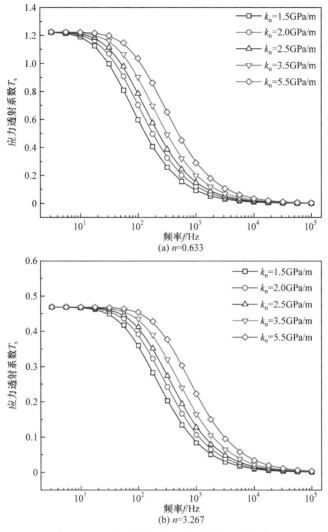

图 5.12　应力透射系数与入射波频率的关系

2. 节理刚度的影响

图 5.13(a) 为当波阻抗比 $n = 0.633$、不同频率应力波在节理岩体内传播时，速度透射系数与节理刚度的关系。可以看出，随着节理刚度的增大，速度透射系数逐渐增大，且速度透射系数的增长速率随着节理刚度的增加不断减小，并最终趋近于小于 1 的某个定值。对于固定的节理刚度，速度透射系数会随着应力波频率的增加而减小。节理刚度越大、应力波频率越低时，速度透射系数越大。当节理刚度趋近于无穷大时，节理可以看作

是焊接界面，此时速度透射系数最大。当应力波从波阻抗小的岩石向波阻抗大的岩石传播时，速度透射系数 $T_v < 1$，质点速度总是衰减的。

　　图 5.13(b) 为当波阻抗比 $n = 3.267$、不同频率应力波在节理岩体内传播时，速度透射系数与节理刚度的关系。可以看出，随着节理刚度的增大，速度透射系数逐渐增大，且速度透射系数的增长速率随着节理刚度的增加不断减小，并最终趋近于大于 1 的某个定值。对于固定的节理刚度，速

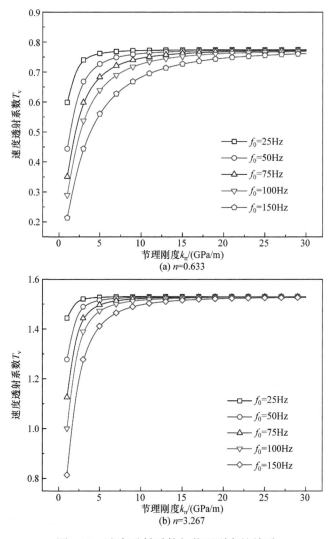

图 5.13　速度透射系数与节理刚度的关系

度透射系数会随着应力波频率的增加而减小。当应力波从波阻抗大的岩石向波阻抗小的岩石传播时,速度透射系数 $T_v > 1$,质点速度会产生放大效应,且节理刚度越大,质点速度的放大效应越明显。

图 5.14(a) 为当波阻抗比 $n = 0.633$、不同频率应力波在节理岩体内传播时,应力透射系数与节理刚度的关系。可以看出,随着节理刚度的增大,应力透射系数 T_s 逐渐增大,并最终趋近于大于 1 的某个定值。应力透射系数 T_s 的增长速率随着节理刚度的增加不断减小。对于固定的节理刚度,应力透射系数会随着应力波频率的增加而减小。当节理刚度越大和应力波频率越低时,应力透射系数越大。当应力波从波阻抗小的岩石向波阻抗大的岩石传播时,应力透射系数 $T_s > 1$,表示波幅值产生放大效应。

图 5.14(b) 为当波阻抗比 $n = 3.267$、不同频率应力波在节理岩体内传播时,应力透射系数与节理刚度的关系。可以看出,随着节理刚度的增大,应力透射系数 T_s 逐渐增大,并最终趋近于小于 1 的某个定值。应力透射系数 T_s 的增长速率随着节理刚度的增加不断减小。对于固定的节理刚度,应力透射系数会随着应力波频率的增加而减小。当节理刚度越大和应力波频率越低时,应力透射系数越大。当应力波从波阻抗大的岩石向波阻抗小的岩石传播时,应力透射系数 $T_s < 1$,表示波幅值发生衰减。

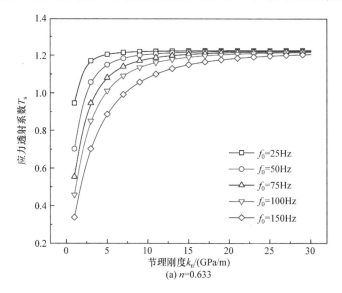

(a) n=0.633

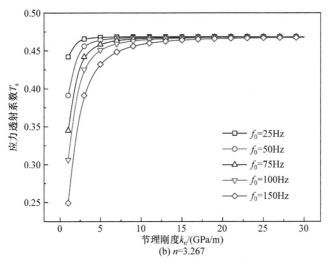

图 5.14　应力透射系数与节理刚度的关系

3. 波阻抗比的影响

图 5.15 为不同频率应力波的速度透射系数与波阻抗比的关系。可以看出，不同频率应力波的速度透射系数均随着波阻抗比的增大而增大。在波阻抗比相同时，速度透射系数随着应力波频率的增加而减小。在图 5.15 中，波阻抗比 $n=1$ 代表应力波在节理两侧波阻抗相等的岩体内传播。左侧区域表示应力波从波阻抗小的岩石向波阻抗大的岩石传播，右侧区域表示应力波从波阻抗大的岩石向波阻抗小的岩石传播。当应力波在节理两侧岩石波阻抗比 $n<1$ 的岩体内传播时，速度透射系数始终小于应力波在节理两侧岩石波阻抗比 $n>1$ 的岩体内传播的情况。当频率较小的应力波在节理两侧岩石波阻抗比 $n>1$ 的岩体内传播时，速度透射系数出现 $T_v>1$ 的情况，质点速度产生放大效应。

图 5.16 为不同频率应力波的应力透射系数与波阻抗比的关系。可以看出，不同频率应力波的应力透射系数均随着波阻抗比的增大而减小。在波阻抗比相同时，应力透射系数随着应力波频率的增大而减小。当频率较低的应力波在节理两侧岩石波阻抗比 $n<1$ 的岩体内传播时，应力透射系数出现 $T_s>1$ 的情况。当应力波在节理两侧岩石波阻抗比 $n>1$ 的岩体内传播时，应力透射系数 $T_s<1$。

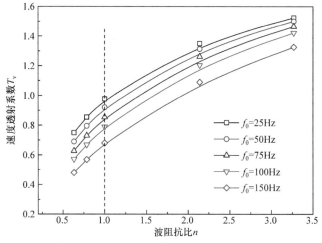

图 5.15 速度透射系数与波阻抗比的关系

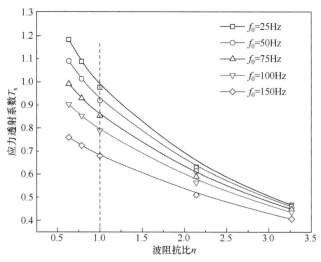

图 5.16 应力透射系数与波阻抗比的关系

5.4 多条平行节理岩体内应力波传播的位移 不连续方法

本节主要介绍一种特征线方法和位移不连续模型相结合的应力波求解方法,解决了应力波在多条平行节理岩体内的传播问题,以线性变形节理为例进行介绍,如图 5.17 所示[108]。

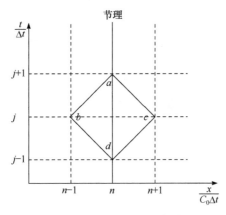

图 5.17　多条平行节理的计算方法[108]

图 5.17 中无量纲时间 j 和无量纲距离 n 可分别表示为

$$j = \frac{t}{\Delta t} \tag{5.51}$$

$$n = \frac{x}{C_0 \Delta t} \tag{5.52}$$

式中，t 为时间；Δt 为时间间隔；x 为传播距离。

在图 5.17 中，假设左边界为 $n=0$，第一个节理位置为 $n=1$，第二个节理位置为 $n=2$，最后一个节理位置为 $n=l$，其中 l 为整数。

对应图 5.17 内任意位置 (n, j) 的相邻点可以相互连接为四条特征线，分别为两条右行特征线 (ab、cd) 和两条左行特征线 (ac、bd)。根据右行特征线 ab 对应的特征相容关系式(5.5)，可得

$$zv^-(n, j+1) + \sigma(n, j+1) = zv^+(n-1, j) + \sigma(n-1, j) \tag{5.53}$$

根据左行特征线 ac 对应的特征相容关系式(5.4)，可得

$$zv^+(n, j+1) - \sigma(n, j+1) = zv^-(n+1, j) - \sigma(n+1, j) \tag{5.54}$$

同理，根据左行特征线 bd 对应的特征相容关系式(5.4)，可得

$$zv^-(n, j-1) - \sigma(n, j-1) = zv^+(n-1, j) - \sigma(n-1, j) \tag{5.55}$$

同理，根据右行特征线 cd 对应的特征相容关系式(5.5)，可得

$$zv^+(n, j-1) + \sigma(n, j-1) = zv^-(n+1, j) + \sigma(n+1, j) \tag{5.56}$$

式(5.53)~式(5.56)表示三条相邻节理前后质点速度之间关系的递归方程，

将式(5.53)～式(5.56)相加，可得

$$zv^+(n,j+1)+zv^-(n,j+1)$$
$$=2zv^+(n-1,j)+2zv^-(n+1,j)-zv^+(n,j-1)-zv^-(n,j-1) \qquad (5.57)$$

将式(5.53)和式(5.55)相加，可得

$$\sigma(n,j+1)-\sigma(n,j-1)=2zv^+(n-1,j)-zv^-(n,j+1)-zv^-(n,j-1)$$
$$\qquad (5.58)$$

在第 n 条节理处，当时间为 $j+1$ 时，根据位移不连续条件，可得

$$u^-(n,j+1)-u^+(n,j+1)=\frac{\sigma(n,j+1)}{k_{\mathrm{n}}} \qquad (5.59)$$

式(5.59)的微分表达式为

$$v^-(n,j+1)-v^+(n,j+1)=\frac{1}{k_{\mathrm{n}}}\frac{\partial\big(\sigma(n,j+1)\big)}{\partial t} \qquad (5.60)$$

当时间间隔Δt 足够小时，近似可得

$$\frac{\partial\big(\sigma(n,j+1)\big)}{\partial t}=\frac{\sigma(n,j+1)-\sigma(n,j)}{\Delta t} \qquad (5.61)$$

将式(5.61)代入式(5.60)，可得

$$v^-(n,j+1)-v^+(n,j+1)=\frac{1}{k_{\mathrm{n}}}\frac{\sigma(n,j+1)-\sigma(n,j)}{\Delta t}$$
$$=\frac{1}{k_{\mathrm{n}}}\frac{\big(\sigma(n,j+1)-\sigma(n,j-1)\big)-\big(\sigma(n,j)-\sigma(n,j-1)\big)}{\Delta t}$$
$$\qquad (5.62)$$

在第 n 条节理处，当时间为 j 时，根据位移不连续条件，可得

$$u^-(n,j)-u^+(n,j)=\frac{\sigma(n,j)}{k_{\mathrm{n}}} \qquad (5.63)$$

式(5.63)的微分表达式为

$$v^-(n,j)-v^+(n,j)=\frac{1}{k_{\mathrm{n}}}\frac{\sigma(n,j)-\sigma(n,j-1)}{\Delta t} \qquad (5.64)$$

将式(5.58)和式(5.64)代入式(5.62)，可得

$$v^+(n,j+1)-\left(1+\frac{z}{k_n\Delta t}\right)v^-(n,j+1)$$

$$=\frac{1}{k_n\Delta t}\left(zv^-(n,j-1)-2zv^+(n-1,j)\right)-v^+(n,j)+v^-(n,j) \qquad (5.65)$$

根据式(5.57)和式(5.65)，可得

$$v^-(n,j+1)=\frac{k_n\Delta t}{2k_n\Delta t+z}\left[2v^+(n-1,j)+2v^-(n+1,j)-v^+(n,j-1)-v^-(n,j-1)\right.$$

$$\left.-\frac{1}{k_n\Delta t}\left(zv^-(n,j-1)-2zv^+(n-1,j)\right)+v^+(n,j)-v^-(n,j)\right]$$

$$(5.66)$$

$$v^+(n,j+1)=2v^+(n-1,j)+2v^-(n+1,j)$$

$$-v^+(n,j-1)-v^-(n,j-1)-v^-(n,j-1) \qquad (5.67)$$

式中，时间间隔$\Delta t=\Delta x/C_0$，Δx为节理间距。

已知速度边界条件$v(0,j)$、初始速度条件$v^-(n,0)$和$v^+(n,0)$，根据式(5.66)和式(5.67)，通过迭代计算可以求得$v^-(n,j+1)$和$v^+(n,j+1)$。

第6章 岩体内应力波传播的均一不连续分析方法

本章简要介绍同时含细观裂隙和宏观节理的岩体内应力波传播的分析方法，建立含细观裂隙和宏观节理的岩体内应力波传播的计算模型，系统阐述含细观裂隙和线性宏观节理的岩体以及含细观裂隙和非线性宏观节理的岩体内应力波传播的分析方法，主要包括改进的位移不连续方法以及结合线性/非线性位移不连续模型的分离式三特征线方法。

6.1 含细观裂隙和线性宏观节理的岩体内应力波传播的改进位移不连续方法

本章将介绍采用改进的位移不连续方法分析含细观裂隙和线性宏观节理的岩体内应力波的传播。采用等效黏弹性连续介质对含细观裂隙的岩体进行均一化建模，采用非连续物理场对宏观节理进行不连续建模。通过摆锤纵向冲击岩杆试验得到波传播系数和动态黏弹性模量，进一步分析细观裂隙岩体内应力波传播的等效黏弹性特性。本节介绍改进的位移不连续方法，分析应力波在含细观裂隙和线性宏观节理的岩体内的传播规律，阐述细观裂隙和线性宏观节理对应力波透反射规律的共同作用机制。

6.1.1 改进的位移不连续方法

应力波传播到宏观节理处会发生透反射。根据波动方程的谐波解，入射应变波可表示为

$$\varepsilon = \varepsilon_0 \exp(\mathrm{i}\omega t)\exp(-\mathrm{i}kx - \alpha x) \tag{6.1}$$

式中，ε为谐波质点的应变，其振幅为ε_0；ω为角频率；k为波数；α为衰减系数；i为虚数单位。

应力波作用下等效黏弹性介质的动态本构关系为

$$\sigma(\omega) = E^*(\omega)\varepsilon(\omega) \tag{6.2}$$

式中，$E^*(\omega)$为动态等效黏弹性模量。

$$E^*(\omega) = E'(\omega) + iE''(\omega) \tag{6.3}$$

式中，$E'(\omega)$为存储模量；$E''(\omega)$为损耗模量。

结合位移不连续条件式(5.1)、式(5.2)和波动方程(2.9)，应力波在节理岩体内传播的透射波和反射波可表示为[150]

$$\varepsilon_t = \frac{2}{2 + \gamma E^* / k_n} \varepsilon_i \tag{6.4}$$

$$\varepsilon_r = \frac{\gamma E^* / k_n}{2 + \gamma E^* / k_n} \varepsilon_i \tag{6.5}$$

对于黏弹性介质，材料参数 E^* 和波传播系数 γ 均与频率有关。在忽略岩石材料等效黏性的情况下，损耗模量为零，透射波和反射波可以退化为弹性岩体内的透射波和反射波。

6.1.2　细观裂隙岩体的等效黏弹性特性

本节主要介绍细观裂隙岩体等效黏弹性特性研究的冲击试验方法，试验装置如图 4.6 所示。该试验系统由加载装置、应力波传播装置、测量和数据处理装置三部分组成。

本节以长为 129.80cm、直径为 4.49cm 的沉积岩岩杆为例进行介绍。其中岩杆密度为 2680.98kg/m³。与 4.1.2 节类似，将试验获得的应变脉冲信号进行傅里叶变换，并代入运动方程式(4.41)，可求得岩杆的波传播系数，即波数 $k(\omega)$ 和衰减系数 $\alpha(\omega)$，岩杆的波传播衰减系数 α 与谐波频率 ω 的关系如图 6.1 所示[150]。根据岩杆的波数和衰减系数即可求得岩石的动态复数模量，包括储能模量和损耗模量。储能模量 $E'(\omega)$ 和损耗模量 $E''(\omega)$ 可分别表示为

$$E'(\omega) = \rho\omega^2 \frac{k^2 - \alpha^2}{\left(k^2 + \alpha^2\right)^2} \tag{6.6}$$

$$E''(\omega) = 2\rho\omega^2 \frac{k\alpha}{(k^2 + \alpha^2)^2} \tag{6.7}$$

图 6.2 为储能模量和损耗模量与谐波频率的关系[150]。可以看出，随着谐波频率的增加，储能模量先迅速增加后趋于平缓。随着谐波频率的增加，损耗模量迅速增加到峰值后下降，并随着谐波频率的增加趋于平缓。岩体的力学性质与频率大小相关，在冲击分析过程中不能忽略岩体的等效黏性特性。在谐波频率较高的范围内，储能模量和损耗模量恒定。

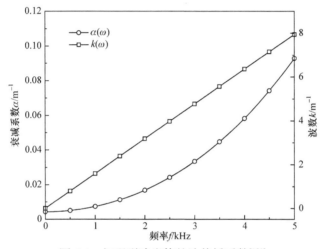

图 6.1 细观裂隙岩体的波传播系数[150]

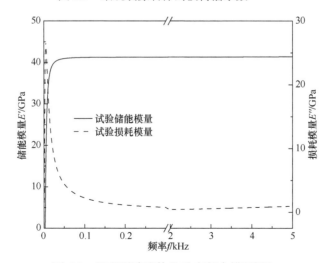

图 6.2 细观裂隙岩体的动态复合模量[150]

6.2　含细观裂隙和线性宏观节理的岩体内应力波传播的分离式三特征线方法

本节介绍采用分离式三特征线方法分析含细观裂隙和线性宏观节理的岩体内应力波的传播。分离式三特征线方法将三特征线分为三角形、菱形和分离式菱形三个基本单元，可用于计算应力波在含细观裂隙和线性宏观节理的岩体内传播的应力、应变和速度。通过比较仅含线性宏观节理岩体与同时含细观裂隙和线性宏观节理岩体的应力波传播规律的差异，研究岩体内细观裂隙和线性宏观节理对应力波传播的影响机制。

6.2.1　分离式三特征线

为了考虑线性宏观节理处应力波传播的透反射现象，可以采用线性位移不连续方法研究应力波在线性宏观节理处的传播，如图 6.3(a) 所示。同时，为了考虑动载荷作用下细观裂隙岩体的等效黏弹性特性，普遍采用 4.2.3 节提到的三特征线方法研究应力波在细观裂隙岩体内的传播，如图 6.3(b) 所示。对于线性宏观节理和细观裂隙共存的情况，提出均一不连续等效黏弹性介质模型，将位移不连续方法引入到三特征线中，提出分离式三特征线方法计算应力波在含细观裂隙和线性宏观节理的岩体内的传播，如图 6.3(c) 所示[151]。

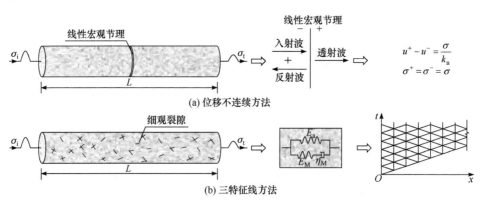

(a) 位移不连续方法

(b) 三特征线方法

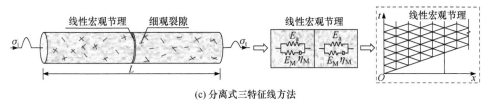

(c) 分离式三特征线方法

图 6.3　分离式三特征线方法计算方案[151]

分离式三特征线方法由三角形单元、菱形单元和分离式菱形单元组成，如图 6.4 所示[151]。与传统三特征线方法类似，三角形单元和菱形单元分别用于求解岩体边界点和内部点处的应力波传播。为了研究线性宏观节理处应力波的传播，分离式三特征线方法将节理 $x = x_1$ 处的菱形单元分离为分离式菱形单元。分离式菱形单元由四族特征线组成，即左行、右行、节理前上行和节理后上行特征线。通过这四族特征线建立四组方程，结合位移不连续方法中的应力连续方程和位移不连续方程，联立这六组方程可以求得六个未知量，即节理前的应力、应变和速度，以及节理后的应力、应变和速度。

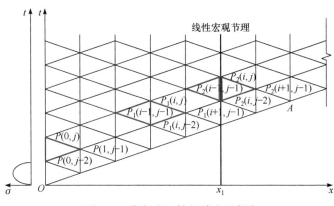

图 6.4　分离式三特征线方法[151]

1. 节理前特征线 OA 上应力波的传播

与三特征线方法类似，分离式三特征线中节理前特征线 OA 上的应力 σ、应变 ε 和速度 v 可分别表示为

$$\sigma(x,t) = \sigma^*(0,0)\exp\left[-\frac{\rho_0 C_P}{2\eta_M\left(1 + E_a / E_M\right)^2}x\right] \tag{6.8}$$

$$\varepsilon(x,t) = \frac{\sigma^*(0,0)}{E_a + E_M} \exp\left[-\frac{\rho_0 C_P}{2\eta_M\left(1 + E_a / E_M\right)^2} x\right] \tag{6.9}$$

$$v(x,t) = -\frac{\sigma^*(0,0)}{\rho_0 C_V} \exp\left[-\frac{\rho_0 C_P}{2\eta_M\left(1 + E_a / E_M\right)^2} x\right] \tag{6.10}$$

2. 节理后特征线 OA 上应力波的传播

特征线 OA 上节理前的应力 σ^-、应变 ε^- 和速度 v^- 可以分别根据式 (6.8)～式(6.10)获得，结合节理法向变形本构关系式(6.11)和应力连续条件式(6.12)可以得到特征线 OA 上节理后的应力 σ^+、应变 ε^+ 和速度 v^+。

$$u^-(x,t) - u^+(x,t) = \frac{\sigma(x,t)}{k_n} \tag{6.11}$$

$$\sigma^-(x,t) = \sigma^+(x,t) = \sigma^*(0,0) \exp\left[-\frac{\rho_0 C_P}{2\eta_M\left(1 + E_a / E_M\right)^2} x\right] \tag{6.12}$$

式中，上角标"−"表示参数属于节理前波场；上角标"+"表示参数属于节理后波场。

式(6.11)对 t 和 x 分别求偏导，可得

$$v^-(x,t) - v^+(x,t) = \frac{\partial \sigma(x,t)}{\partial t} \frac{1}{k_n} \tag{6.13}$$

$$\varepsilon^-(x,t) - \varepsilon^+(x,t) = \frac{\partial \sigma(x,t)}{\partial x} \frac{1}{k_n} \tag{6.14}$$

将式(6.12)代入式(6.13)和式(6.14)，可分别得

$$v^+(x,t) = v^-(x,t) - C_P \sigma^*(0,0)\left[-\frac{\rho_0 C_P}{2\eta_M\left(1 + E_a / E_M\right)^2}\right]$$

$$\cdot \exp\left[-\frac{\rho_0 C_P}{2\eta_M\left(1 + E_a / E_M\right)^2} x\right]\frac{1}{k_n} \tag{6.15}$$

$$\varepsilon^{+}\left(x,t\right)=\varepsilon^{-}\left(x,t\right)-\sigma^{*}\left(0,0\right)\left[-\frac{\rho_{0}C_{P}}{2\eta_{M}\left(1+E_{a}\,/\,E_{M}\right)^{2}}\right]$$

$$\cdot\exp\left[-\frac{\rho_{0}C_{P}}{2\eta_{M}\left(1+E_{a}\,/\,E_{M}\right)^{2}}x\right]\frac{1}{k_{n}} \tag{6.16}$$

节理后特征线 OA 上的应力 σ、应变 ε 和速度 v 可以根据式(6.12)、式(6.15)和式(6.16)获得。

3. 利用分离式菱形单元求解节理处应力波的传播

求得特征线 OA 上的应力 σ、应变 ε 和速度 v 后，可进一步求解 AOt 区域.对 AOt 区域的解可以通过三角形单元(图 6.5(a))、菱形单元(图 6.5(b))和分离式菱形单元(图 6.5(c))求得。其中对 AOt 区域中的三角形单元和菱形单元的求解可参考 4.2.3 节。与三角形单元和菱形单元不同，根据分离式菱形单元可求得六组未知量，分别为节理前的应力 σ、应变 ε 和速度 v^{+}和节理后的应力 σ、应变 ε 和速度 v^{-}。这六组未知量可以根据节理处的位移不连续边界条件和分离式菱形单元的四组特征相容条件联立求得，其中位移不连续边界条件包括节理法向变形本构关系式(6.17)和应力连续条件式(6.18)。

$$u^{+}\left(x_{1},t\right)-u^{-}\left(x_{1},t\right)=\frac{\sigma\left(x_{1},t\right)}{k_{n}} \tag{6.17}$$

$$\sigma^{+}\left(x_{1},t\right)=\sigma^{-}\left(x_{1},t\right)=\sigma\left(x_{1},t\right) \tag{6.18}$$

式(6.17)对 t 求偏导，可得

$$v^{+}\left(x_{1},t\right)-v^{-}\left(x_{1},t\right)=\frac{1}{k_{n}}\frac{\partial\sigma\left(x_{1},t\right)}{\partial t} \tag{6.19}$$

(a) 三角形单元

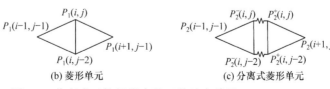

(b) 菱形单元　　　　　　　　(c) 分离式菱形单元

图 6.5　分离式三特征线中的三种基本单元

为了求解 $\partial\sigma(x_n,t)/\partial t$，将纵坐标时间间隔 $[0,t]$ 分为 n 个等时间段，即 $[0,t]=[0,t_1,\cdots,t_j,t_{j+1},\cdots,t]$，每个时间段 $\partial\sigma(x_n,t)/\partial t$ 可近似表达为差分方程

$$\frac{\partial\sigma(x_1,t_j)}{\partial t}=\frac{\sigma(x_1,t_j)-\sigma(x_1,t_{j-2})}{2\mathrm{d}t} \tag{6.20}$$

将式(6.20)代入式(6.19)，可得

$$v^+\left(x_1,t_j\right)-v^-\left(x_1,t_j\right)=\frac{1}{k_\mathrm{n}}\frac{\sigma(x_1,t_j)-\sigma(x_1,t_{j-2})}{2\mathrm{d}t} \tag{6.21}$$

当坐标 (x_1,t_j) 为点 $P_2(i,j)$ 时，式(6.21)和式(6.18)可变换为

$$v^+\left(i,j\right)-v^-\left(i,j\right)=\frac{1}{k_\mathrm{n}}\frac{\sigma(i,j)-\sigma(i,j-2)}{2\mathrm{d}t} \tag{6.22}$$

$$\sigma^+\left(i,j\right)=\sigma^-\left(i,j\right)=\sigma(i,j) \tag{6.23}$$

另外，根据图 6.5(c)中分离式菱形单元的特征线 $P_2(i-1,j-1)P_2(i,j)$、$P_2(i+1,j-1)P_2(i,j)$、$P_2^+(i,j)P_2^+(i,j-2)$ 和 $P_2^-(i,j)P_2^-(i,j-2)$ 对应的特征相容条件，可得

$$\begin{aligned}v^-\left(i,j\right)-v(i-1,j-1)&=\frac{1}{\rho_0 C_\mathrm{P}}\Big[\sigma(i,j)-\sigma(i-1,j-1)\Big]\\&+\frac{\sigma(i-1,j-1)-E_\mathrm{a}\varepsilon(i-1,j-1)}{(E_\mathrm{a}+E_\mathrm{M})\theta_\mathrm{M}}\mathrm{d}x\end{aligned} \tag{6.24}$$

$$\begin{aligned}v^+\left(i,j\right)-v(i+1,j-1)&=-\frac{1}{\rho_0 C_\mathrm{P}}\Big[\sigma(i,j)-\sigma(i+1,j-1)\Big]\\&-\frac{\sigma(i+1,j-1)-E_\mathrm{a}\varepsilon(i+1,j-1)}{(E_\mathrm{a}+E_\mathrm{M})\theta_\mathrm{M}}\mathrm{d}x\end{aligned} \tag{6.25}$$

$$\begin{aligned}\varepsilon^-\left(i,j\right)-\varepsilon^-\left(i,j-2\right)&=\frac{1}{E_\mathrm{a}+E_\mathrm{M}}\Big[\sigma(i,j)-\sigma(i,j-2)\Big]\\&+\frac{\sigma(i,j-2)-E_\mathrm{a}\varepsilon^-(i,j-2)}{(E_\mathrm{a}+E_\mathrm{M})\theta_\mathrm{M}}2\mathrm{d}t\end{aligned} \tag{6.26}$$

$$\varepsilon^+(i,j) - \varepsilon^+(i,j-2) = \frac{1}{E_a + E_M}\Big[\sigma(i,j) - \sigma(i,j-2)\Big]$$

$$+ \frac{\sigma(i,j-2) - E_a \varepsilon^+(i,j-2)}{(E_a + E_M)\theta_M} 2\mathrm{d}t \qquad (6.27)$$

联立节理法向变形本构关系(6.22)和应力连续条件式(6.23)以及特征线对应的相容条件式(6.24)和式(6.25)，可得节理前后的 $\sigma(i,j)$ 为

$$\sigma(i,j) = \frac{k_n 2\mathrm{d}t \rho_0 C_P}{\rho_0 C_P + 4k_n \mathrm{d}t}\Bigg[\frac{\sigma(i+1,j-1) + \sigma(i-1,j-1)}{\rho_0 C_P}$$

$$- v(i-1,j-1) + v(i+1,j-1) + \frac{1}{k_n 2\mathrm{d}t}\sigma(i,j-2)$$

$$- \frac{\sigma(i+1,j-1) - E_a\varepsilon(i+1,j-1) + \sigma(i-1,j-1) - E_a\varepsilon(i-1,j-1)}{(E_a + E_M)\theta_M}\mathrm{d}x\Bigg]$$

$$(6.28)$$

将式(6.28)代入式(6.24)~式(6.27)，可分别求得 $v^-(i,j)$、$v^+(i,j)$、$\varepsilon^-(i,j)$ 和 $\varepsilon^+(i,j)$。进而可求得分离式三特征线上任意位置的应力 σ、应变 ε 和速度 v。

6.2.2　同时含细观裂隙和线性宏观节理的岩体内应力波的传播

假设一个半周期正弦波作为入射波，其形式见式(4.53)。

在计算过程中，以 $A_0 = 0.02\mathrm{MPa}$，$f_0 = 50\mathrm{Hz}$ 为例。岩石力学参数如表 6.1 所示。

表 6.1　岩石的力学参数

参数	参数值
弹性模量 E_a	25GPa
弹性模量 E_M	15GPa
岩石密度 ρ_0	2500kg/m³
纵波波速 C_P	4000m/s

1. 比较线性宏观节理和细观裂隙对应力波传播的影响

根据线性位移不连续方法和三特征线方法分别介绍线性宏观节理和

细观裂隙对应力波传播的影响。图 6.6 为透射波与线性宏观节理岩体内节理刚度和代表单元长度的关系。图 6.7 为透射波与细观裂隙岩体内黏性系数和代表单元长度的关系。

如图 6.6(a) 所示，当节理岩体代表单元长度 $L = 0.4\lambda_0$ 时，随着节理刚度的增大，节理岩体透射波的幅值逐渐增大。如图 6.6(b)所示，当节理岩体的节理刚度 $k_n = 3.5\text{GPa/m}$ 时，改变岩体代表单元长度，可以发现节理岩体的透射波幅值没有变化。因此，节理岩体对透射波的影响与岩体代表单元长度无关。

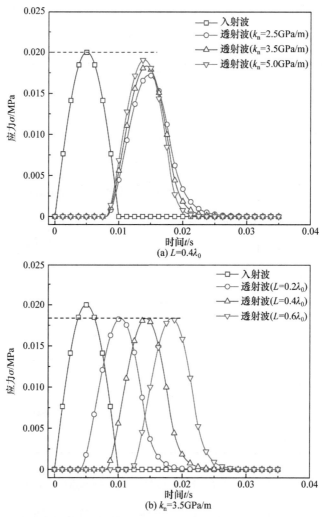

图 6.6　透射波与线性宏观节理岩体内节理刚度和代表单元长度的关系

　　如图 6.7(a) 所示，当细观裂隙岩体代表单元长度 $L = 0.4\lambda_0$ 时，随着细观裂隙岩体黏性系数的增大，细观裂隙岩体透射波的幅值逐渐减小。如图 6.7(b) 所示，当细观裂隙岩体的黏性系数 $\eta_M = 20$MPa·s 时，随着细观裂隙岩体代表单元长度的增加，细观裂隙岩体透射波的幅值逐渐减小。因此，细观裂隙岩体的黏性系数和代表单元长度都会影响应力波的传播。

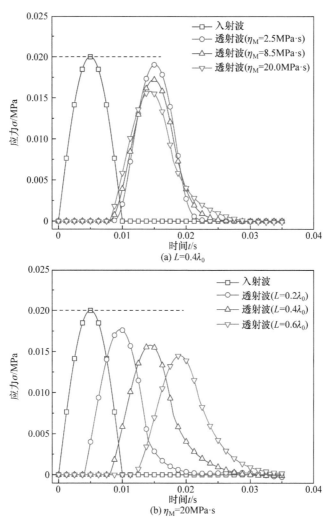

图 6.7　透射波与细观裂隙岩体内黏性系数和代表单元长度的关系

　　表 6.2 为在不同代表单元长度的情况下线性宏观节理岩体 ($k_n = $

3.5GPa/m) 和细观裂隙岩体 (η_M = 20MPa·s) 对应的透射系数大小。可以看出，当岩体代表单元长度较小时，例如 L=0.01λ_0，线性宏观节理岩体的透射系数等于 0.92，细观裂隙岩体的透射系数近似等于 1，此时细观裂隙岩体对透射波的影响可以忽略。但是当岩体代表单元长度较大时，例如 L = 0.6λ_0，细观裂隙岩体透射系数减小到 0.83，与线性宏观节理岩体的透射系数 0.92 相比，细观裂隙岩体对透射波的影响更大。

表 6.2　线性宏观节理岩体和细观裂隙岩体的透射系数

岩体	透射系数				
	L=0.01λ_0	L=0.1λ_0	L=0.2λ_0	L=0.4λ_0	L=0.6λ_0
线性宏观节理岩体	0.92	0.92	0.92	0.92	0.92
细观裂隙岩体	0.99	0.97	0.94	0.88	0.83

因此，当岩体代表单元长度较小时，细观裂隙对透射波的影响可以忽略。当岩体代表单元长度较大时，细观裂隙对透射波的影响变大，并且相对线性宏观节理对透射波的影响，细观裂隙的影响是不可忽视的。

　2. 比较线性宏观节理岩体和同时含细观裂隙和线性宏观节理的岩体对应力波传播的影响

图 6.8 比较了透射波与线性宏观节理岩体、同时含细观裂隙和线性宏观节理的岩体的关系，其中岩体代表单元长度 L = 0.2λ_0、0.4λ_0、0.6λ_0，岩体黏性系数 η_M = 2.5MPa·s、20MPa·s。可以看出，线性宏观节理岩体和同时含细观裂隙和线性宏观节理的岩体对应的透射波都具有衰减和弥散的现象，另外，含细观裂隙和线性宏观节理的岩体对应的透射波衰减和弥散程度大于线性宏观节理岩体。

图 6.8(a)、(c) 和 (e) 分别为当给定黏性系数 η_M = 2.5MPa·s，岩体代表单元长度 L=0.2λ_0、0.4λ_0、0.6λ_0时，线性宏观节理岩体和同时含细观裂隙和线性宏观节理的岩体对应的透射波。从图 6.8(a)、(c) 和 (e) 可以看出，当岩体代表单元长度从 0.2λ_0 增加到 0.6λ_0 时，节理岩体的透射波幅值保持不变，类似的结果也可以从图 6.8(b) 中得到。此外，从图 6.8(a)、(c) 和 (e) 也可以看出，随着岩体代表单元长度的增加，含细观裂隙和线性宏观节理的岩体的透射波弥散和衰减越来越明显。从图 6.8(b)、(d) 和 (f) 也可以看到类似

的现象，即黏性系数 $\eta_M = 20.0$MPa·s 时，岩体代表单元长度 L 从 $0.2\lambda_0$ 增加到 $0.6\lambda_0$，含细观裂隙和线性宏观节理的岩体的透射波弥散和衰减越来越明显。

从图 6.8 也可以看出，对于给定的岩体代表单元长度，如图 6.8(a) 和 (b) 中岩体代表单元长度 $L = 0.2\lambda_0$，图 6.8(c)和(d)中岩体代表单元长度 $L = 0.4\lambda_0$，图 6.8(e) 和 (f) 中岩体代表单元长度 $L = 0.6\lambda_0$，当黏性系数 η_M 从 2.5MPa·s 增加到 20MPa·s 时。节理岩体透射波的幅值保持不变，而含细观裂隙和线性宏观节理的岩体透射波的幅值减小。

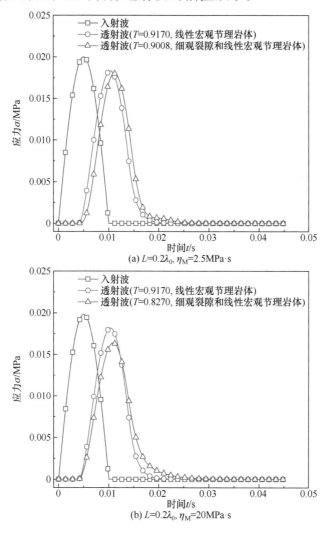

(a) $L=0.2\lambda_0$, $\eta_M=2.5$MPa·s

(b) $L=0.2\lambda_0$, $\eta_M=20$MPa·s

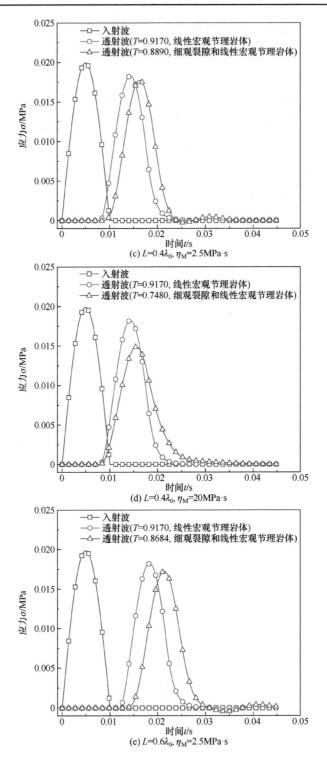

(c) $L=0.4\lambda_0$, $\eta_M=2.5$MPa·s

(d) $L=0.4\lambda_0$, $\eta_M=20$MPa·s

(e) $L=0.6\lambda_0$, $\eta_M=2.5$MPa·s

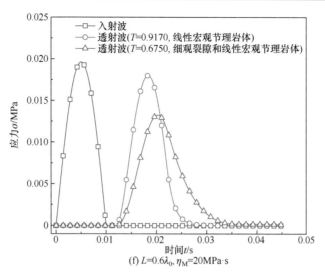

(f) $L=0.6\lambda_0$, $\eta_{\mathrm{M}}=20\mathrm{MPa}\cdot\mathrm{s}$

图 6.8　透射波与线性宏观节理岩体、同时含细观裂隙和线性宏观节理的岩体的关系

6.3　含细观裂隙和非线性宏观节理的岩体内应力波传播的分离式三特征线方法

当宏观节理位于应力波远场时，通常只需考虑宏观节理的线性变形特性。然而，当宏观节理处于应力波近场或者含填充物时，需要考虑宏观节理的非线性变形特性。基于分段线性理论，本节引入非线性位移不连续模型，提出了一种将分离式三特征线与非线性位移不连续模型相结合的方法。本节研究含细观裂隙和非线性宏观节理的岩体内的应力波透反射规律，阐述非线性宏观节理和细观裂隙对应力波传播的影响机制。

6.3.1　分段线性位移不连续模型

当考虑近场应力波传播或者岩体内的节理具有一定的填充厚度时，通常采用非线性位移不连续模型来考虑节理的非线性变形。将非线性位移不连续模型引入到分离式三特征线方法中，计算应力波在含细观裂隙和非线性宏观节理岩体内的传播，如图 6.9 所示。

在求解应力波传播的过程中，对三角形单元和菱形单元的求解可参考 4.2.3 节，求解分离式菱形单元需引入节理的非线性变形本构关系，不同于节理的线性变形本构关系，非线性宏观节理的节理刚度随应力的增

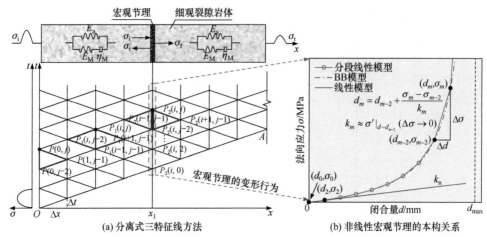

(a) 分离式三特征线方法　　　　　　(b) 非线性宏观节理的本构关系

图 6.9　含细观裂隙和非线性宏观节理的岩体内应力波传播的分离式三特征线方法[152]

大而增大，如图 6.9(b) 所示，导致非线性变形特性直接引入到分离式三特
征线方法中变得非常复杂。因此，提出了分段线性模型近似考虑节理的非
线性变形特性[152]，当分段线性模型中 Δd 足够小时，分段线性模型可近
似为节理的非线性变形关系。根据图 6.9(b) 中分段线性模型可以得到各
段的应力-闭合量关系和节理刚度，与各段的应力连续条件相结合形成分
段线性位移不连续模型。分段线性模型应力-闭合量关系满足 BB 模型，
BB 模型可表示为

$$\sigma = \frac{dk_{\mathrm{n}}}{1 - d / d_{\max}} \tag{6.29}$$

根据式(6.29)，BB 模型中任意点的节理刚度可表示为

$$k = \frac{\partial \sigma}{\partial d} = \frac{k_{\mathrm{n}}}{\left(1 - d / d_{\max}\right)^2} \tag{6.30}$$

式中，d 为节理的法向闭合量；$d_{\max}$ 为节理的最大容许闭合量；k_{n} 为初始
节理刚度；k 为 BB 模型中任意点的节理刚度。

图 6.9(b) 所示的分段线性模型中，$(d_{m-2}, \sigma_{m-2}) \sim (d_m, \sigma_m)$ 定义为第 m
段，其中 m 取偶数，例如 $(d_0, \sigma_0) \sim (d_2, \sigma_2)$ 定义为第 2 段，$(d_2, \sigma_2) \sim (d_4,$
$\sigma_4)$ 定义为第 4 段。假设第 m 段 $(d_{m-2}, \sigma_{m-2}) \sim (d_m, \sigma_m)$ 左端点 (d_{m-2}, σ_{m-2})
已知，并代入式(6.30)，可得第 m 段的节理刚度为

$$k_m = \frac{k_n}{\left(1 - d_{m-2} / d_{\max}\right)^2} \tag{6.31}$$

式中，m 为大于 0 的偶数。

根据左端点 (d_{m-2}, σ_{m-2}) 和第 m 段的节理刚度，第 m 段 $(d_{m-2}, \sigma_{m-2})\sim$ (d_m, σ_m) 的应力-闭合量关系可表示为

$$d_m = d_{m-2} + \frac{\sigma_m - \sigma_{m-2}}{k_m} \tag{6.32}$$

式中，m 为大于 0 的偶数。当 $m = 2$ 时，$d_{m-2} = d_0 = 0$，$k_m = k_2 = k_n$。

图 6.9(a) 中 $x = x_1$ 处三条特征线任意点的应力-闭合量关系与图 6.9(b) 中的分段线性模型一一对应。假设图 6.9(a) 中 $P_2(i, j-2)$ 点的节理闭合量 $d(i, j-2)$ 和法向应力 $\sigma(i, j-2)$ 与图 6.9(b) 中的点 (d_{m-2}, σ_{m-2}) 相对应。根据式(6.31)，图 6.9(a) 中点 $P_2(i, j)$ 的节理刚度 $k(i, j)$ 可表示为

$$k(i, j) = \frac{k_n}{\left[1 - d(i, j-2) / d_{\max}\right]^2} \tag{6.33}$$

式中，$i = \dfrac{x_1}{\Delta x}$，表示节理的位置；$j$ 为大于 0 的偶数。

同理，根据式(6.32)，图 6.9(a)中点 $P_2(i, j)$ 的应力-闭合量关系可表示为

$$d(i, j) = d(i, j-2) + \frac{\sigma(i, j) - \sigma(i, j-2)}{k(i, j)} \tag{6.34}$$

式中，$i = \dfrac{x_1}{\Delta x}$，表示节理的位置；$j$ 为大于 0 的偶数。

$$d(i, j) = u^+(i, j) - u^-(i, j) \tag{6.35}$$

式中，$u(i, j)$ 为 $P_2(i, j)$ 点处节理的法向位移。

图 6.9(a) 中节理处的点 $P_2(i, j)$ 的位移不连续边界条件由应力-闭合量关系式(6.34)和应力连续条件式(6.36)组成，式(6.34)和式(6.36)被称为分段线性位移不连续模型。

$$\sigma^+(i, j) = \sigma^-(i, j) = \sigma(i, j) \tag{6.36}$$

式中，上角标符号"$-$"和"$+$"分别表示节理前后的波场；$i = x_1 / \Delta x$，表

示节理的位置；j 为大于 0 的偶数。

式(6.34)对 t 求导，可得

$$v^+(i,j) - v^-(i,j) = \frac{1}{k(i,j)} \frac{\partial \sigma(i,j)}{\partial t} \tag{6.37}$$

式中，$i = \dfrac{x_1}{\Delta x}$，表示节理的位置；$j$ 为大于 0 的偶数。

当 Δt 足够小时，导数形式的式(6.37)可表示为微分形式

$$v^+(i,j) - v^-(i,j) = \frac{1}{k(i,j)} \frac{\sigma(i,j) - \sigma(i,j-2)}{2\mathrm{d}t} \tag{6.38}$$

式中，$i = \dfrac{x_1}{\Delta x}$，表示节理的位置；$j$ 为大于 0 的偶数。

6.3.2　引入分段线性位移不连续模型的分离式三特征线方法

图 6.9(a) 中分离式菱形单元特征线 $P_2(i-1,j-1)P_2(i,j)$、$P_2(i+1,j-1)P_2(i,j)$、$P_2^+(i,j)P_2^+(i,j-2)$ 和 $P_2^-(i,j)P_2^-(i,j-2)$ 对应的特征相容关系可表示为

$$v^-(i,j) - v(i-1,j-1) = \frac{1}{\rho_0 C_\mathrm{P}} \big[\sigma(i,j) - \sigma(i-1,j-1)\big]$$
$$+ \frac{\big[\sigma(i-1,j-1) - E_\mathrm{a}\varepsilon(i-1,j-1)\big]E_\mathrm{M}}{(E_\mathrm{a} + E_\mathrm{M})\eta_\mathrm{M}}\mathrm{d}x \tag{6.39}$$

$$v^+(i,j) - v(i+1,j-1) = -\frac{1}{\rho_0 C_\mathrm{P}} \big[\sigma(i,j) - \sigma(i+1,j-1)\big]$$
$$- \frac{\big[\sigma(i+1,j-1) - E_\mathrm{a}\varepsilon(i+1,j-1)\big]E_\mathrm{M}}{(E_\mathrm{a} + E_\mathrm{M})\eta_\mathrm{M}}\mathrm{d}x \tag{6.40}$$

$$\varepsilon^-(i,j) - \varepsilon^-(i,j-2) = \frac{1}{E_\mathrm{a} + E_\mathrm{M}} \big[\sigma(i,j) - \sigma(i,j-2)\big]$$
$$+ \frac{\big[\sigma(i,j-2) - E_\mathrm{a}\varepsilon^-(i,j-2)\big]E_\mathrm{M}}{(E_\mathrm{a} + E_\mathrm{M})\eta_\mathrm{M}}2\mathrm{d}t \tag{6.41}$$

$$\varepsilon^+(i,j)-\varepsilon^+(i,j-2)=\frac{1}{E_a+E_M}\left[\sigma(i,j)-\sigma(i,j-2)\right]$$
$$+\frac{\left[\sigma(i,j-2)-E_a\varepsilon^+(i,j-2)\right]E_M}{(E_a+E_M)\eta_M}2\mathrm{d}t \quad (6.42)$$

将式(6.39)~式(6.42)与节理 $x=x_1$ 处的位移不连续边界条件式(6.36)和式(6.38)联立，可得非线性宏观节理前后的应力 σ、应变 ε 和速度 v。

例如，将式(6.36)和式(6.38)代入式(6.39)和式(6.40)，可以得到节理前后的应力 σ 为

$$\sigma(i,j)=\frac{2\rho_0 C_P k(i,j)\mathrm{d}t}{\rho_0 C_P+4k(i,j)\mathrm{d}t}\left\{\frac{\sigma(i+1,j-1)+\sigma(i-1,j-1)}{\rho_0 C_P}\right.$$
$$-v(i-1,j-1)+v(i+1,j-1)+\frac{1}{2k(i,j)\mathrm{d}t}\sigma(i,j-2)$$
$$\left.-\frac{\left[\sigma(i+1,j-1)-E_a\varepsilon(i+1,j-1)+\sigma(i-1,j-1)-E_a\varepsilon(i-1,j-1)\right]E_M}{(E_a+E_M)\eta_M}\mathrm{d}x\right\}$$
$$(6.43)$$

式中，$i=\dfrac{x_1}{\Delta x}$，表示节理的位置；j 为大于 0 的偶数。

根据式(6.43)可知，$\sigma(i,j)$ 可以通过 $\sigma(i,j-2)$ 计算得到，因此，当初始节理刚度 $k(i,j)=k_n$ 和初始应力 $\sigma(i,0)=0$ 被确定后，在非线性宏观节理处的 $\sigma(i,j)$ 可以联立式(6.43)和式(6.33)，通过迭代计算得到。另外，将式(6.43)代入式(6.39)~式(6.42)，可分别求得 $v^-(i,j)$、$v^+(i,j)$、$\varepsilon^-(i,j)$ 和 $\varepsilon^+(i,j)$。从而可求得分离式三特征线上任意位置的应力 σ、应变 ε 和速度 v。

6.3.3　含细观裂隙和非线性宏观节理的岩体内应力波的传播

本节对不同振幅入射波通过线性宏观节理和非线性宏观节理后的透射波进行比较，描述了非线性宏观节理对应力波传播的影响；对应力波通过不同长度岩体代表单元后的透射波进行比较，描述了细观裂隙对应力波传播的影响。计算中，岩石密度 $\rho_0=2500\mathrm{kg/m^3}$，岩石波速 $C_P=4000\mathrm{m/s}$，黏弹性模型中的弹性模量 $E_a=25\mathrm{GPa}$、$E_M=15\mathrm{GPa}$，黏性系数 $\eta_M=20.0\mathrm{MPa\cdot s}$，非线性宏观节理的初始刚度 $k_n=3.5\mathrm{GPa/m}$，节理初始闭合量

$d_0 = 0$mm，节理最大允许闭合量 $d_{max} = 0.53$mm。假设入射波的波形符合式(4.53)，频率 $f_0 = 100$Hz。

1. 对应不同幅值入射波的透射波

图 6.10 比较了在幅值 $A_0 = 0.5$MPa、1MPa、2.5MPa 的应力波作用下，含细观裂隙和线性宏观节理的岩体、含细观裂隙和非线性宏观节理的岩体对应的透射波。岩体代表单元长度 $S = 0.1\lambda_0$，其中 $\lambda_0 = C_P/f_0$。从图 6.10 可以看出：

(1) 无论是否考虑节理的非线性变形行为，透射波的振幅都会衰减。然而，非线性宏观节理对应的透射波振幅比线性宏观节理对应的透射波振幅大。

(2) 线性宏观节理的透射系数随着入射波幅值的增大而保持不变，非线性宏观节理的透射系数随着入射波幅值的增大而增大。

(3) 非线性和线性宏观节理对应的透射波的差异随着入射波振幅的增大而增大。对于小振幅应力波，如 $A_0 = 0.5$MPa(图 6.10(a))，非线性宏观节理和线性宏观节理的透射波相似。对于大振幅应力波，如 $A_0 = 2.5$MPa(图 6.10(c))，非线性宏观节理对应的透射波振幅明显大于线性宏观节理对应的透射波振幅。

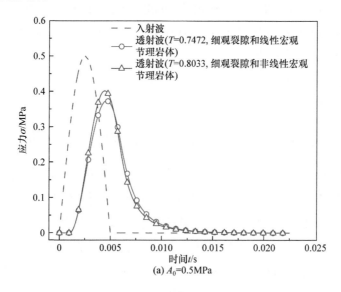

(a) A_0=0.5MPa

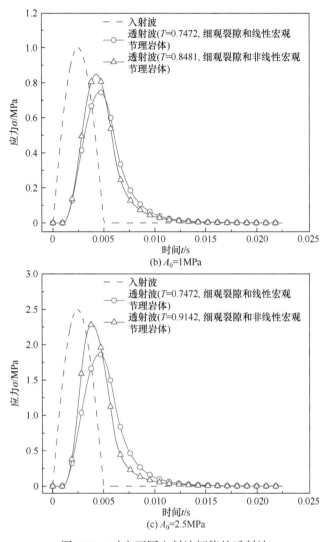

图 6.10　对应不同入射波幅值的透射波

2. 对应不同岩体代表单元长度的透射波

　　应力波通过同时含细观裂隙和宏观节理的岩体时，图 6.11(a) 对比了岩体代表单元长度 $S = 0.1\lambda_0$、$0.5\lambda_0$、λ_0，且宏观节理为线性变形时的透射波；图 6.11(b) 对比了岩体表单元长度 $S = 0.1\lambda_0$、$0.5\lambda_0$、λ_0，且宏观节理为非线性变形时的透射波。从图 6.11 可以看出，无论是否考虑节理的非线性变形，透射波的振幅都随着岩体代表单元长度的增大而减小，造成这一现象的原因是岩体内细观裂隙对应力波传播的影响。此外，当应力波通过同时含细观裂隙和宏观节理的岩体时，细观裂隙对透射波的影响随着岩体代表单元长度的增大变得更加显著。

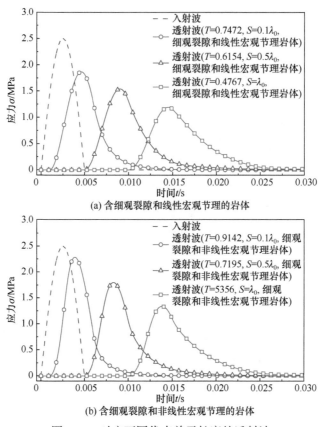

(a) 含细观裂隙和线性宏观节理的岩体

(b) 含细观裂隙和非线性宏观节理的岩体

图 6.11　对应不同代表单元长度的透射波

图 6.12 为应力波通过同时含细观裂隙和线性/非线性宏观节理岩体时的透射系数与岩体代表单元长度的关系，对比了是否考虑细观裂隙对计算结果的影响。入射波振幅 $A_0 = 2.5\text{MPa}$。从图 6.12 可以看出：

(1) 当不考虑细观裂隙影响时，透射系数随岩体代表单元长度的增大而保持不变；当考虑细观裂隙影响时，透射系数随着岩体代表单元长度的增大而减小。

(2) 不考虑细观裂隙影响的透射系数比考虑细观裂隙影响的透射系数大，且其差值随着代表单元长度的增大逐渐增大。因此，当岩体代表单元长度较大时，细观裂隙对应力波衰减的影响不可忽略。

(3) 在相同的岩体代表单元长度下，非线性宏观节理对应的透射系数总是大于线性宏观节理对应的透射系数。

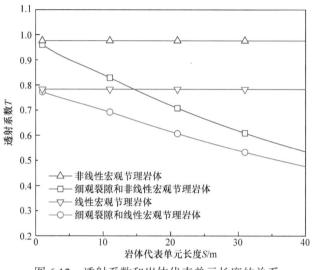

图 6.12 透射系数和岩体代表单元长度的关系

6.4 含细观裂隙和宏观节理的岩体内多脉冲应力波传播的分离式三特征线方法

随着岩体工程的发展，岩体在循环载荷作用下的动力响应越来越受到人们的关注，循环载荷以多脉冲应力波的形式在岩体内传播。岩体内存在的细观裂隙和宏观节理对多脉冲应力波的传播有显著影响。另外，在多脉冲应力波作用下，宏观节理的力学特性也会受到影响。本节提出了循环载荷作用下宏观节理的力学模型，研究了含细观裂隙和宏观节理的岩体内多脉冲应力波的传播特性。

6.4.1 循环载荷作用下宏观节理的力学模型

当单脉冲应力波在岩体内传播时，需要考虑宏观节理在一次循环载荷作用下的力学行为。然而，与单脉冲应力波传播不同，当多脉冲应力波在岩体内传播时，需要考虑宏观节理在多次循环载荷作用下的力学行为。

图 6.13 为三次循环加载和卸载作用下宏观节理的分段线性模型和 BB 模型[153]。如图 6.13 所示，在初始循环加载和卸载过程中，宏观节理的应力闭合关系表现出较大的滞后和永久变形，这是因为宏观节理产生的非弹性变形导致宏观节理卸载时的变形不可恢复。另外，在第二次和第三次循环加载和卸载过程中，宏观节理的应力闭合关系表现出的滞后和永久变形变得很小。为了将循环加载和卸载作用下宏观节理的应力闭合关系引入到分离式三特征线方法中研究多脉冲应力波的传播，本节将循环加载和卸载作用下宏观节理的应力闭合关系进行了分段线性划分，如图 6.13 所示。

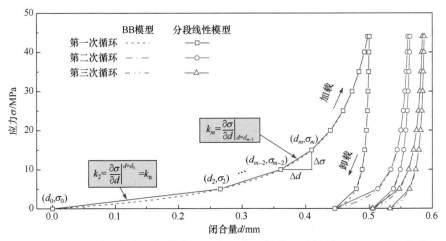

图 6.13　三次循环加载和卸载作用下宏观节理的分段线性模型和 BB 模型[153]

循环加载和卸载作用下宏观节理的应力闭合关系可表示为

$$d_{(num)}^{\mathrm{l,ul}} = d_{0(num)}^{\mathrm{l,ul}} + \frac{\sigma_{(num)}^{\mathrm{l,ul}}}{k_{\mathrm{n}(num)}^{\mathrm{l,ul}} + \sigma_{(num)}^{\mathrm{l,ul}} / d_{\max(num)}^{\mathrm{l,ul}}} \tag{6.44}$$

循环加载和卸载作用下宏观节理的应力闭合关系中任意点的刚度可表示为

$$k_{(num)}^{\mathrm{l,ul}} = \frac{\partial \sigma_{(num)}^{\mathrm{l,ul}}}{\partial d_{(num)}^{\mathrm{l,ul}}} = k_{\mathrm{n}(num)}^{\mathrm{l,ul}} \left(1 - \frac{\sigma_{(num)}^{\mathrm{l,ul}}}{k_{\mathrm{n}(num)}^{\mathrm{l,ul}} d_{\max(num)}^{\mathrm{l,ul}} + \sigma_{(num)}^{\mathrm{l,ul}}} \right)^{-2} \tag{6.45}$$

式中，下角标 *num* 为 1、2 和 3，其分别表示第一次脉冲、第二次脉冲和第三次脉冲；上角标 l 表示加载，ul 表示卸载。

图 6.13 所示的分段线性模型中，第 m 段 $(d_{m-2}, \sigma_{m-2}) \sim (d_m, \sigma_m)$ 右端点 (d_m, σ_m) 的刚度和应力闭合关系可分别表示为

$$k_{m(num)}^{l,ul} = k_{n(num)}^{l,ul} \left(1 - \frac{\sigma_{m-2(num)}^{l,ul}}{k_{n(num)}^{l,ul} d_{max(num)}^{l,ul} + \sigma_{m-2(num)}^{l,ul}} \right)^{-2} \tag{6.46}$$

$$d_{m(num)}^{l,ul} = d_{m-2(num)}^{l,ul} + \frac{\sigma_{m(num)}^{l,ul} - \sigma_{m-2(num)}^{l,ul}}{k_{m(num)}^{l,ul}} \tag{6.47}$$

6.4.2　引入循环载荷作用下宏观节理力学模型的分离式三特征线方法

图 6.14 为多脉冲应力波在含细观裂隙和宏观节理的岩体内传播的分离式三特征线方法[153]。多脉冲应力波在含细观裂隙和宏观节理的岩体内传播的问题可转换为求解图 6.14 中任意点的应力 σ、应变 ε 和速度 v。当给出初始边界条件时，可求得特征线 OA 上任意点的应力 σ、应变 ε 和速度 v。此外，与传统的三特征线方法类似，根据图 6.14 中三角形和菱形单元对应的相容条件，可获得左边界点 $P(0, j)$ 和普通内点 $P_1(i, j)$ 的应力 σ、应变 ε 和速度 v。本节为了计算宏观节理处内点 $P_2(i, j)$ 的应力 σ、应变 ε 和速度 v，将循环载荷作用下宏观节理的力学模型引入到分离式三特征线方法中，根据分离式菱形单元对应的相容条件，可获得宏观节理处内点 $P_2(i, j)$ 处的六个未知量，即宏观节理前的应力 σ^-、应变 ε^- 和速度 v^-，以及宏观节理后的应力 σ^+、应变 ε^+ 和速度 v^+。

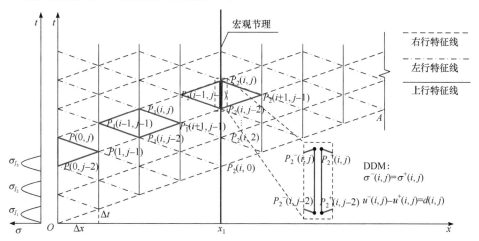

图 6.14　多脉冲应力波在含细观裂隙和宏观节理的岩体内传播的分离式三特征线方法[153]

从图 6.14 可以看出，x-t 平面上存在右行特征线、左行特征线和上行特征线。右行特征线、左行特征线和上行特征线对应的相容关系可分别表示为

$$\mathrm{d}v = \frac{1}{\rho_0 C_P}\mathrm{d}\sigma + \frac{(\sigma - E_a\varepsilon)E_M}{(E_a + E_M)\eta_M}\mathrm{d}x \tag{6.48}$$

$$\mathrm{d}v = -\frac{1}{\rho_0 C_P}\mathrm{d}\sigma + \frac{(\sigma - E_a\varepsilon)E_M}{(E_a + E_M)\eta_M}\mathrm{d}x \tag{6.49}$$

$$\mathrm{d}\varepsilon = \frac{\mathrm{d}\sigma}{E_a + E_M} + \frac{(\sigma - E_a\varepsilon)E_M}{(E_a + E_M)\eta_M}\mathrm{d}t \tag{6.50}$$

另外，将图 6.13 中三次循环加载和卸载作用下宏观节理的分段线性模型引入到图 6.14 中的分离式菱形单元中。假设分离式菱形单元中点 $P_2(i, j)$ 的宏观节理闭合量 $d(i, j)$ 和法向应力 $\sigma(i, j)$ 对应于图 6.13 中的点 (d_m, σ_m)。根据点 (d_m, σ_m) 对应的宏观节理刚度和应力闭合关系，可分别获得分离式菱形单元中点 $P_2(i, j)$ 的宏观节理刚度和应力闭合关系为

$$k(i, j) = k_{n(num)}^{l,ul}\left(1 - \frac{\sigma(i, j-2)}{k_{n(num)}^{l,ul}d_{\max(num)}^{l,ul} + \sigma(i, j-2)}\right)^{-2} \tag{6.51}$$

$$d(i, j) = d(i, j-2) + \frac{\sigma(i, j) - \sigma(i, j-2)}{k(i, j)} \tag{6.52}$$

式中，$d(i, j)$ 可表示为

$$d(i, j) = u^+(i, j) - u^-(i, j) \tag{6.53}$$

式中，$u^+(i, j)$ 为宏观节理后的法向位移；$u^-(i, j)$ 为宏观节理前的法向位移。

宏观节理处的应力连续条件可表示为

$$\sigma^-(i, j) = \sigma^+(i, j) \tag{6.54}$$

式(6.52)对 t 的导数为

$$v^+(i, j) - v^-(i, j) = \frac{1}{k(i, j)}\frac{\sigma(i, j) - \sigma(i, j-2)}{2\mathrm{d}t} \tag{6.55}$$

图 6.14 中分离式菱形单元的特征线 $P_2^-(i, j)P_2(i-1, j-1)$、$P_2^+(i, j)P_2(i+1,$

$j-1$)、$P_2^-(i,j)P_2^-(i,j-2)$ 和 $P_2^+(i,j)P_2^+(i,j-2)$ 对应的特征相容关系可分别表示为

$$v^-(i,j)-v(i-1,j-1)=\frac{1}{\rho_0 C_P}\Big[\sigma^-(i,j)-\sigma(i-1,j-1)\Big]$$
$$+\frac{\big[\sigma(i-1,j-1)-E_a\varepsilon(i-1,j-1)\big]E_M}{(E_a+E_M)\eta_M}\mathrm{d}x \quad (6.56)$$

$$v^+(i,j)-v(i+1,j-1)=-\frac{1}{\rho_0 C_P}\Big[\sigma^+(i,j)-\sigma(i+1,j-1)\Big]$$
$$-\frac{\big[\sigma(i+1,j-1)-E_a\varepsilon(i+1,j-1)\big]E_M}{(E_a+E_M)\eta_M}\mathrm{d}x \quad (6.57)$$

$$\varepsilon^-(i,j)-\varepsilon^-(i,j-2)=\frac{1}{E_a+E_M}\Big[\sigma^-(i,j)-\sigma(i,j-2)\Big]$$
$$+\frac{\big[\sigma(i,j-2)-E_a\varepsilon^-(i,j-2)\big]E_M}{(E_a+E_M)\eta_M}2\mathrm{d}t \quad (6.58)$$

$$\varepsilon^+(i,j)-\varepsilon^+(i,j-2)=\frac{1}{E_a+E_M}\Big[\sigma^+(i,j)-\sigma(i,j-2)\Big]$$
$$+\frac{\big[\sigma(i,j-2)-E_a\varepsilon^+(i,j-2)\big]E_M}{(E_a+E_M)\eta_M}2\mathrm{d}t \quad (6.59)$$

将式(6.54)~式(6.57)联立，得到宏观节理前后的应力 σ，即

$$\sigma^-(i,j)=\sigma^+(i,j)=\frac{2\mathrm{d}t\rho_0 C_P k(i,j)}{\rho_0 C_P+4\mathrm{d}tk(i,j)}\left\{\frac{\sigma(i+1,j-1)+\sigma(i-1,j-1)}{\rho_0 C_P}\right.$$
$$-v(i-1,j-1)+v(i+1,j-1)+\frac{1}{2\mathrm{d}tk(i,j)}\sigma(i,j-2)$$
$$\left.-\frac{\big[\sigma(i+1,j-1)-E_a\varepsilon(i+1,j-1)+\sigma(i-1,j-1)-E_a\varepsilon(i-1,j-1)\big]E_M}{(E_a+E_M)\eta_M}\mathrm{d}x\right\}$$

$$(6.60)$$

将式(6.60)代入式(6.56)~式(6.59)，可以得到宏观节理前的应变 ε^- 和速度 v^-，以及宏观节理后的应变 ε^+ 和速度 v^+。

6.4.3　含细观裂隙和宏观节理的岩体内多脉冲应力波的传播

本节研究含细观裂隙和宏观节理的岩体对多脉冲应力波传播的影响。假设入射应力波由三个半正弦脉冲组成，其形式为

$$\sigma(0,t)=\begin{cases} A_0\sin(2\pi f_0 t), & 0\leqslant t\leqslant \dfrac{1}{2f_0} \\[2mm] A_0\sin\left[2\pi f_0\left(t-t_{\mathrm{int}}-\dfrac{1}{2f_0}\right)\right], & \dfrac{1}{2f_0}+t_{\mathrm{int}}\leqslant t\leqslant \dfrac{1}{f_0}+t_{\mathrm{int}} \\[2mm] A_0\sin\left[2\pi f_0\left(t-2t_{\mathrm{int}}-\dfrac{1}{f_0}\right)\right], & \dfrac{1}{f_0}+2t_{\mathrm{int}}\leqslant t\leqslant \dfrac{3}{2f_0}+2t_{\mathrm{int}} \\[2mm] 0, & \dfrac{1}{2f_0}<t<\dfrac{1}{2f_0}+t_{\mathrm{int}},\dfrac{1}{f_0}+t_{\mathrm{int}}<t<\dfrac{1}{f_0}+2t_{\mathrm{int}},\ t>\dfrac{3}{2f_0}+2t_{\mathrm{int}} \end{cases}$$

$$(6.61)$$

式中，t_{int} 为两个脉冲之间的时间间隔。

根据三次循环加载和卸载作用下宏观节理的应力闭合关系的试验数据，拟合了六个 BB 模型，以描述三次循环加载和卸载作用下宏观节理力学特性。表 6.3 为三次循环加载和卸载下宏观节理的 BB 模型参数值。另外，在本节中，岩体代表单元长度为 $S=1\mathrm{m}$，岩体密度为 $\rho_0=2500\mathrm{kg/m^3}$。黏弹性模型中的弹性模量分别为 $E_a=27\mathrm{GPa}$ 和 $E_M=14\mathrm{GPa}$，黏性系数为 $\eta_M=15\mathrm{MPa\cdot s}$。

表 6.3　三次循环加载和卸载下宏观节理的 BB 模型参数值

循环次数	加卸载路径	刚度 k_n/(GPa/m)	最大闭合量 d_{max}/mm
第一次循环	加载	9.901	0.561
	卸载	62.500	0.059
第二次循环	加载	34.483	0.127
	卸载	76.923	0.066
第三次循环	加载	62.500	0.089
	卸载	76.923	0.060

图 6.15 为不同时间间隔下的多脉冲应力波传播。图 6.15(a)~(c) 分别为时间间隔 $t_{\mathrm{int}}=0$、$t_{\mathrm{int}}=0.5/f_0$ 和 $t_{\mathrm{int}}=1/f_0$ 时多脉冲应力波的传播。另外，入

射脉冲频率为 f_0=2000Hz，入射脉冲幅值为 A_0=1MPa。从图 6.15 可以看出，第一次脉冲、第二次脉冲和第三次脉冲的振幅都会发生衰减。然而，第一次脉冲的衰减程度大于第二次脉冲和第三次脉冲的衰减程度，其中第三次脉冲的衰减程度最小。这是由于前一脉冲将宏观节理压缩，从而导致宏观节理刚度增加。因此，与前一次脉冲相比，后一次脉冲的透射率增加，衰减程度减小。

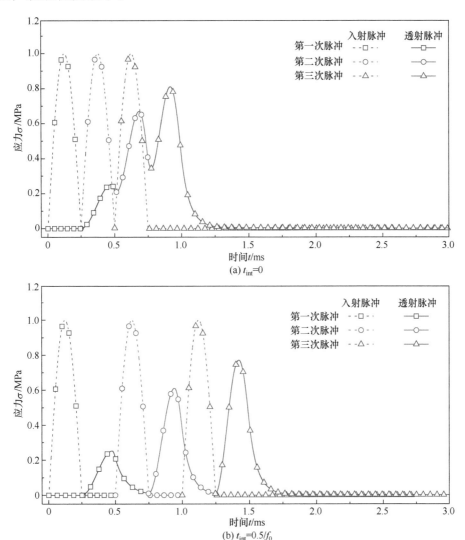

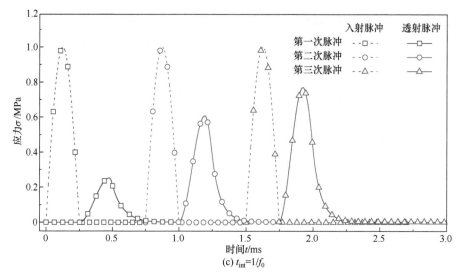

(c) $t_{int}=1/f_0$

图 6.15　不同时间间隔下的多脉冲应力波传播

　　从图 6.15(a) 可以看出，当时间间隔足够小时，例如 $t_{int}=0$，后一脉冲与前一脉冲发生重叠现象。从图 6.15(b) 可以看出，随着时间间隔的增加，例如 $t_{int}=0.5/f_0$，后一脉冲与前一脉冲重叠部分减少。随后，从图 6.15(c) 可以看出，当时间间隔足够大时，例如 $t_{int}=1/f_0$，后一脉冲与前一脉冲不发生重叠。

　　另外，本节研究了多脉冲的透射系数和有效速度。透射系数是透射脉冲振幅与入射脉冲振幅的比值。有效速度是透射脉冲峰值与入射脉冲峰值对应的时间差与脉冲在岩体中的传播距离的比值。透射系数 T 和有效速度 C_{eff} 可分别表示为

$$T_{(num)} = \frac{\max\left[\sigma_{t(num)}\right]}{\max\left[\sigma_{i(num)}\right]} \tag{6.62}$$

$$C_{eff(num)} = \frac{S}{t_{t(num)} - t_{i(num)}} \tag{6.63}$$

式中，σ_t 为透射脉冲；σ_i 为入射脉冲；S 为代表单元长度；t_t 为透射脉冲峰值对应的时间；t_i 为入射脉冲峰值对应的时间。

　　图 6.16 为透射系数与入射脉冲时间间隔的关系。入射脉冲频率为 $f_0=2000\text{Hz}$，入射脉冲幅值为 $A_0=1\text{MPa}$。从图 6.16 可以看出，第一次脉冲的

透射系数随着时间间隔的增加而保持不变。另外，当时间间隔很小时，例如 $t_{int} \leqslant 0.5/f_0$，第二次脉冲和第三次脉冲的透射系数随着时间间隔的增加而减小。当时间间隔较大时，例如 $t_{int} > 0.5/f_0$，第二次脉冲和第三次脉冲的透射系数随着时间间隔的增加而保持不变。当时间间隔为定值时，第一次脉冲的透射系数比第二次脉冲和第三次脉冲的透射系数都要小，第三次脉冲的透射系数最大。然而，第一次脉冲、第二次脉冲和第三次脉冲的透射系数均小于1。

图 6.17 为有效速度与入射脉冲时间间隔的关系。入射脉冲频率为 $f_0 =$

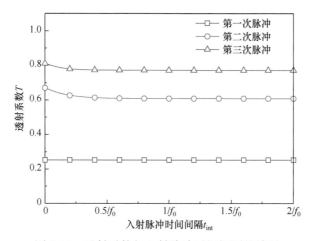

图 6.16　透射系数与入射脉冲时间间隔的关系

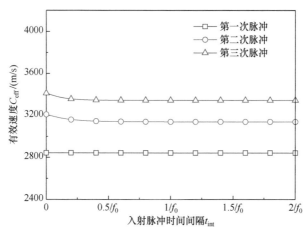

图 6.17　有效速度与入射脉冲时间间隔的关系

2000Hz，入射脉冲幅值为 $A_0=1$MPa。从图 6.16 可以看出，随着时间间隔的增加，第一次脉冲的有效速度随着时间间隔的增加而保持不变。然而，第二次脉冲和第三次脉冲的有效速度随着时间间隔的增加逐渐减小。当时间间隔很小时，例如 $t_{int}\leqslant 0.5/f_0$，第二次脉冲和第三次脉冲的有效速度随着时间间隔的增加而减小。当时间间隔较大时，例如 $t_{int}>0.5/f_0$，第二次脉冲和第三次脉冲的有效速度随着时间间隔的增加而保持不变。当时间间隔为定值时，第一次脉冲的有效速度最小，第三次脉冲的有效速度最大。

6.5 含细观裂隙和填充宏观节理的岩体内应力波传播的双网格三特征线方法

宏观节理广泛分布在天然岩体中且经常填充各种材料，如砂和黏土等。宏观节理中应力波的传播特性受到填充材料的影响，使得应力波在含细观裂隙和填充宏观节理的岩体内的传播特性非常复杂。本节提出双网格三特征线方法，研究了应力波在含细观裂隙和填充宏观节理岩体内的传播。

6.5.1 填充宏观节理岩体内应力波的传播

本节采用摆锤冲击试验装置研究了含填充宏观节理的岩体内应力波的传播特性。通过摆锤对填充宏观节理岩体进行冲击加载，得到岩体内的应力波信号。基于应力波在填充宏观节理岩体中传播的透射系数，分析含填充宏观节理的岩体内应力波的传播特性。

本试验采用两根花岗岩试样，分别作为入射杆和透射杆，如图 6.18 所示。试样主要由云母、长石和石英组成，呈圆柱形，试样的力学参数如表 6.4 所示。对花岗岩试样的完整性和均质性进行了仔细的检查，试样表面没有明显裂纹，侧面保持笔直和光滑，全部侧面的平整度保持在 0.5mm 以内。将试样两端仔细打磨平整，使试样端面成为平滑的自由端。试样平整度和光滑度均满足试验要求。

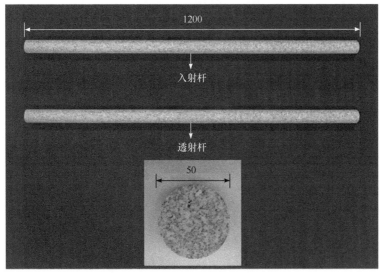

图 6.18　花岗岩试样(单位：mm)

表 6.4　岩石的力学参数

参数	参数值
弹性模量 E	39.55GPa
岩石密度 ρ_0	2600kg/m³
纵波波速 C_P	3900m/s
岩石长度 L	1200mm
岩石直径 d	50mm

　　本试验共制备厚度分别为 10mm、20mm、30mm、40mm、50mm、60mm、70mm 的七组石膏宏观节理试块。采用直径为 50mm 的亚克力管模具浇筑石膏浆养护制备。参考《建筑石膏　一般试验条件》(GB/T 17669.1—1999)[154]，拟定水膏质量比为 0.51。为了后期方便脱模，试样制作前先将模具内壁清理干净，用少量的机油涂抹在模具内侧。量取配比所需质量的水与石膏粉，按照先水后石膏粉的顺序依次倒入搅拌机容器中。按下搅拌机的启动开关，匀速搅拌料浆，使浆体均匀分布，待 30s 后，关闭按钮，停止搅拌。开启振动台，迅速将容器内的浆体边振动边倒入模具中，以便于浆体内气泡的逸出。用刮刀刮去溢浆，保持浆体的上表面与试模的上端齐平。试块在振动台上振动压实后，放入标准养护箱中养护 7d。

养护期间模具上覆盖一层保鲜膜,防止试样水分蒸发。到达养护龄期后小心拆模,测量尺寸,打磨平整两端面。

图 6.19 为试样的波速测试。首先,打开测试仪,将两个纵波换能器涂上凡士林,紧贴并采样,观察显示器中的波形,将光标拖动至波形起跳点,进行调零校准工作,如图 6.19(a) 所示。随后,将试样两端面涂上凡士林,夹紧于两个纵波换能器之间,保证换能器与试样之间无间隙,对齐试样和换能器的轴心,固定其位置,如图 6.19(b) 所示。在仪器操控界面中输入试样高度,作为超声波测量距离,点击采样按钮,观察显示器中的波形,再次将光标拖动至波形起跳点。点击纵波波速测量,即可读取显示器中的超声波速度。

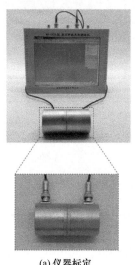
(a) 仪器标定

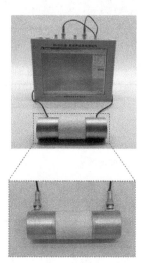
(b) 波速测试

图 6.19　试样的波速测试

图 6.20 为摆锤冲击试验装置。左侧加载台安装可摆动的摆锤,摆动摆锤可以对试样施加动态载荷,产生纵波脉冲。加载台的下部焊接钢制挡板,在对试样进行动态加载时,可以保证摆锤在接触到试样后瞬间弹开,避免对试样连续加载。装置台上的滑轮对花岗岩杆进行支护,保证花岗岩试样在动态加载后可以自由滑动,消除支护过程中产生的摩擦带来的影响。分别在入射杆和透射杆的中间位置粘贴四个应变片。其中两个应变片与轴线平行对称粘贴,另外两个应变片与轴线垂直对称粘贴,此方法在测量试样

压缩和拉伸应变的同时，可以消除测量过程中的弯曲应变。采用图 6.20 中所示的超动态应变仪记录应变片采集的应变信号。将入射杆和透射杆从左到右依次放置在支撑滑轮上，石膏宏观节理位于两根岩杆中间位置，用亚克力管连接固定。图 6.21 为含石膏宏观节理的岩杆。将岩杆和石膏宏观节理固定好后，左侧摆锤冲击装置对岩杆施加动态载荷，产生的压缩应力波在试样中向右传播。定义入射杆上应变片记录的为应变信号Ⅰ，透射杆上应变片记录的为应变信号Ⅱ。应变信号Ⅰ首先可记录通过应变片向右传播的压缩应力波，随后可记录应力波在石膏宏观节理处发生反射后向左传播的拉伸应力波。应变信号Ⅱ记录应力波通过石膏宏观节理后发生透射向右传播的压缩应力波。

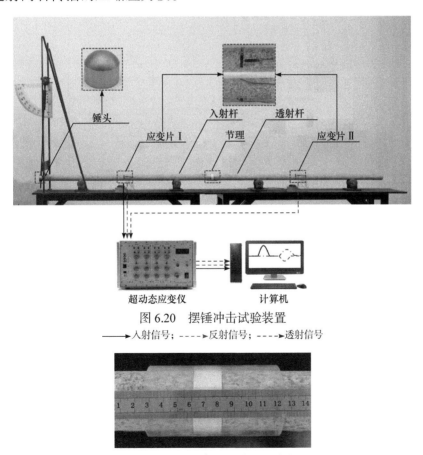

图 6.20　摆锤冲击试验装置
——→入射信号；----→反射信号；----→透射信号

图 6.21　含石膏宏观节理的岩杆

　　图 6.22(a)~(c) 为含石膏宏观节理的花岗岩内的应变波波形。以石膏宏观节理厚度为 h=10mm、h=30mm 和 h=50mm 的应变波波形为例，选取三组不同石膏宏观节理厚度的应变波波形进行处理分析。本次试验所用摆锤加载产生的入射波呈类似的半正弦波，且入射波、反射波和透射波之间均有一段应变值趋近于零的区段。因此，对花岗岩试样进行动态加载后得到的入射波、反射波和透射波是不叠加的，可以对得到的入射波、反射波和透射波进行后续的数据处理。另外，加载产生的应力波在含石膏宏观节理的花岗岩中传播时，在石膏宏观节理处发生了反射和透射，并且伴随着波形的弥散。随着石膏宏观节理厚度的增加，反射波的幅值逐渐增大，透射波的幅值逐渐减小。

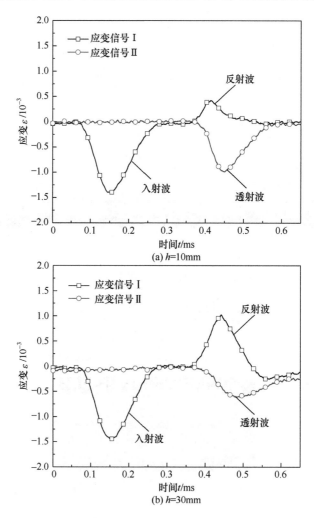

(a) h=10mm

(b) h=30mm

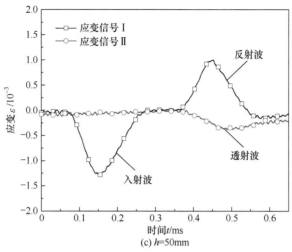

图 6.22　含石膏宏观节理的花岗岩内的应变波波形

为了描述应力波在含石膏宏观节理的岩体内传播的透射规律，定义透射系数 T 为透射波幅值和入射波幅值的比值。

$$T = \frac{\max(\sigma_{\text{t}})}{\max(\sigma_{\text{i}})} \tag{6.64}$$

式中，σ_{t} 为透射应力；σ_{i} 为入射应力。

图 6.23 所示为应力波在含石膏宏观节理的岩体内传播的透射系数。可以看出，当节理厚度为 10mm 时，透射系数约为 0.7；随着节理厚度的

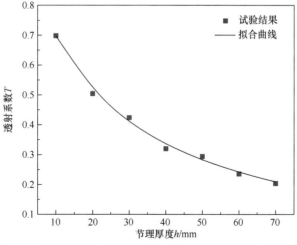

图 6.23　应力波在含石膏宏观节理的岩体内传播的透射系数

增加，透射系数逐渐减小；当节理厚度为 70mm 时，透射系数约为 0.2。因此，填充宏观节理的厚度对应力波在岩体内的传播有显著影响。

6.5.2　双网格三特征线方法

传统的三特征线方法可计算应力波在细观裂隙岩体内的传播。本节为了计算应力波在含细观裂隙和填充宏观节理岩体内的传播，提出了双网格三特征线方法，如图 6.24 所示[155]。双网格三特征线方法中填充宏观节理处的三特征线与细观裂隙岩体处的三特征线不同。从图 6.24 可以看出，填充宏观节理的左侧和右侧位置分别位于 x_1 和 x_2 处。在双网格三特征线中，根据细观裂隙岩体等效黏弹性模型的本构方程，可以得到细观裂隙岩体处的三组特征线方程和相应的三组特征相容关系，从而建立细观裂隙岩体处的左行、右行和上行特征线。同理，根据填充宏观节理的等效黏弹性模型的本构方程，可以得到填充宏观节理处的三组特征线方程和相应的三组特征相容关系，从而建立填充宏观节理处的左行、右行和上行特征线。

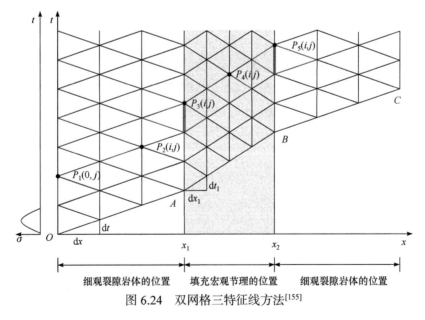

图 6.24　双网格三特征线方法[155]

图 6.25 为组成双网格三特征线的五个基本单元[155]。图 6.25(a) 和 (b) 分别为细观裂隙岩体内的三角形单元和菱形单元，类似于传统的三特征

线方法，三角形单元和菱形单元分别用于求解细观裂隙岩体左边界点 $P_1(0,j)$ 和内点 $P_2(i,j)$ 处的应力波传播。为了进一步求解填充宏观节理左侧点 $P_3(i,j)$、填充宏观节理内点 $P_4(i,j)$ 和填充宏观节理右侧点 $P_5(i,j)$ 处应力波的传播，本节引入填充宏观节理左侧的双三角形单元、填充宏观节理内的菱形单元和填充宏观节理右侧的双三角形单元，如图 6.25(c)~ (e) 所示。

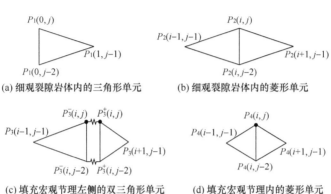

(a) 细观裂隙岩体内的三角形单元　　　(b) 细观裂隙岩体内的菱形单元

(c) 填充宏观节理左侧的双三角形单元　　(d) 填充宏观节理内的菱形单元

(e) 填充宏观节理右侧的双三角形单元

图 6.25　组成双网格三特征线的五个基本单元[155]

位于细观裂隙岩体位置的左行、右行和上行特征线可表示为

$$\frac{\mathrm{d}x}{\mathrm{d}t} = -\sqrt{\frac{E_{a,r} + E_{M,r}}{\rho_r}} = -C_r \qquad (6.65)$$

$$\frac{\mathrm{d}x}{\mathrm{d}t} = \sqrt{\frac{E_{a,r} + E_{M,r}}{\rho_r}} = C_r \qquad (6.66)$$

$$\mathrm{d}x = 0 \qquad (6.67)$$

式中，下角标 r 表示细观裂隙岩体力学参数。

位于细观裂隙岩体位置的左行、右行和上行特征线对应的特征相容关系可表示为

$$dv = -\frac{1}{\rho_r C_r}d\sigma + \frac{(\sigma - E_{a,r}\varepsilon)E_{M,r}}{(E_{a,r} + E_{M,r})\eta_r}dx \tag{6.68}$$

$$dv = \frac{1}{\rho_r C_r}d\sigma + \frac{(\sigma - E_{a,r}\varepsilon)E_{M,r}}{(E_{a,r} + E_{M,r})\eta_r}dx \tag{6.69}$$

$$d\varepsilon = \frac{d\sigma}{E_{a,r} + E_{M,r}} + \frac{(\sigma - E_{a,r}\varepsilon)E_{M,r}}{(E_{a,r} + E_{M,r})\eta_r}dt \tag{6.70}$$

位于填充宏观位置的左行、右行和上行特征线可表示为

$$\frac{dx}{dt} = -\sqrt{\frac{E_{a,j} + E_{M,j}}{\rho_j}} = -C_j \tag{6.71}$$

$$\frac{dx}{dt} = \sqrt{\frac{E_{a,j} + E_{M,j}}{\rho_j}} = C_j \tag{6.72}$$

$$dx = 0 \tag{6.73}$$

式中，下角标 j 表示填充宏观节理力学参数。

位于填充宏观节理位置的左行、右行和上行特征线对应的特征相容关系可表示为

$$dv = -\frac{1}{\rho_j C_j}d\sigma + \frac{(\sigma - E_{a,j}\varepsilon)E_{M,j}}{(E_{a,j} + E_{M,j})\eta_j}dx \tag{6.74}$$

$$dv = \frac{1}{\rho_j C_j}d\sigma + \frac{(\sigma - E_{a,j}\varepsilon)E_{M,j}}{(E_{a,j} + E_{M,j})\eta_j}dx \tag{6.75}$$

$$d\varepsilon = \frac{d\sigma}{E_{a,j} + E_{M,j}} + \frac{(\sigma - E_{a,j}\varepsilon)E_{M,j}}{(E_{a,j} + E_{M,j})\eta_j}dt \tag{6.76}$$

根据式(6.65)~式(6.67)和式(6.71)~式(6.73)，可知图 6.24 由六组特征线组成。当岩体的初始条件和边界条件给定时，利用六组特征线对应的相容关系，可以得到应力波在含细观裂隙和填充宏观节理的岩体中应力波传播的应力 $\sigma(i,j)$、应变 $\varepsilon(i,j)$ 和速度 $v(i,j)$。根据特征线 OA 对应的相容关系式(6.69)，可以得到沿特征线 OA 的应力 $\sigma(i,j)$、应变 $\varepsilon(i,j)$ 和速度 $v(i,j)$，即

$$\sigma(x,t) = \sigma(0,0)\exp\left[-\frac{\rho_r C_r x}{2\eta_r\left(1 + E_{a,r}/E_{M,r}\right)^2}\right] \quad (6.77)$$

$$v(x,t) = -\frac{\sigma(0,0)}{\rho_r C_r}\exp\left[-\frac{\rho_r C_r x}{2\eta_r\left(1 + E_{a,r}/E_{M,r}\right)^2}\right] \quad (6.78)$$

$$\varepsilon(x,t) = \frac{\sigma(0,0)}{E_{a,r} + E_{M,r}}\exp\left[-\frac{\rho_r C_r x}{2\eta_r\left(1 + E_{a,r}/E_{M,r}\right)^2}\right] \quad (6.79)$$

另外，图 6.24 中位置 x_1 两侧的速度场和应力场被认为是连续的。沿特征线 *AB* 的初始应力 $\sigma(x_1, t)$ 已知。通过将初始应力 $\sigma(x_1, t)$ 与特征线 *AB* 对应的相容关系式(6.75)相结合，可以得到沿特征线 *AB* 的应力 $\sigma(i, j)$、应变 $\varepsilon(i, j)$ 和速度 $v(i, j)$，即

$$\sigma(x,t) = \sigma(0,0)\exp\left[-\frac{\rho_r C_r x_1}{2\eta_r\left(1 + E_{a,r}/E_{M,r}\right)^2} + \frac{\rho_j C_j\left(x_1 - x\right)}{2\eta_j\left(1 + E_{a,j}/E_{M,j}\right)^2}\right] \quad (6.80)$$

$$v(x,t) = -\frac{\sigma(0,0)}{\rho_j C_j}\exp\left[-\frac{\rho_r C_r x_1}{2\eta_r\left(1 + E_{a,r}/E_{M,r}\right)^2} + \frac{\rho_j C_j\left(x_1 - x\right)}{2\eta_j\left(1 + E_{a,j}/E_{M,j}\right)^2}\right] \quad (6.81)$$

$$\varepsilon(x,t) = \frac{\sigma(0,0)}{E_{a,j} + E_{M,j}}\exp\left[-\frac{\rho_r C_r x_1}{2\eta_r\left(1 + E_{a,r}/E_{M,r}\right)^2} + \frac{\rho_j C_j\left(x_1 - x\right)}{2\eta_j\left(1 + E_{a,j}/E_{M,j}\right)^2}\right] \quad (6.82)$$

同样，图 6.24 中位置 x_2 两侧的速度场和应力场被认为是连续的。沿特征线 *BC* 的初始应力 $\sigma(x_2, t)$ 已知。通过将初始应力 $\sigma(x_2, t)$ 与特征线 *BC* 对应的相容关系式(6.69)相结合，可以得到沿特征线 *BC* 的应力 $\sigma(i, j)$、应变 $\varepsilon(i, j)$ 和速度 $v(i, j)$，即

$$\sigma(x,t) = \sigma(0,0)\exp\left[-\frac{\rho_r C_r\left(x_1 - x_2 + x\right)}{2\eta_r\left(1 + E_{a,r}/E_{M,r}\right)^2} + \frac{\rho_j C_j\left(x_1 - x_2\right)}{2\eta_j\left(1 + E_{a,j}/E_{M,j}\right)^2}\right] \quad (6.83)$$

$$v(x,t) = -\frac{\sigma(0,0)}{\rho_r C_r}\exp\left[-\frac{\rho_r C_r\left(x_1 - x_2 + x\right)}{2\eta_r\left(1 + E_{a,r}/E_{M,r}\right)^2} + \frac{\rho_j C_j\left(x_1 - x_2\right)}{2\eta_j\left(1 + E_{a,j}/E_{M,j}\right)^2}\right] \quad (6.84)$$

$$\varepsilon(x,t) = \frac{\sigma(0,0)}{E_{a,r} + E_{M,r}} \exp\left[-\frac{\rho_r C_r (x_1 - x_2 + x)}{2\eta_r \left(1 + E_{a,r}/E_{M,r}\right)^2} + \frac{\rho_j C_j (x_1 - x_2)}{2\eta_j \left(1 + E_{a,j}/E_{M,j}\right)^2} \right] \quad (6.85)$$

得到沿着特征线 OA、AB 和 BC 的应力 $\sigma(i,j)$、应变 $\varepsilon(i,j)$ 和速度 $v(i,j)$后，根据图 6.24 中的五个基本单元，可以得到双网格三特征线内任意位置的应力 $\sigma(i,j)$、速度 $v(i,j)$ 和应变 $\varepsilon(i,j)$。与传统的三特征线方法类似，根据细观裂隙岩体内的三角形单元(图 6.25(a))中特征线 $P_1(0,j)P_1(0,j-2)$ 和 $P_1(0,j)P_1(1,j-1)$ 对应的边界条件和相容关系，可以得到左边界点 $P_1(0,j)$ 处的应力 $\sigma(0,j)$、应变 $\varepsilon(0,j)$ 和速度 $v(0,j)$。根据细观裂隙岩体内的菱形单元(图 6.25(b))中特征线 $P_2(i,j)P_2(i-1,j-1)$、$P_2(i,j)P_2(i+1,j-1)$ 和 $P_2(i,j)P_2(i,j-2)$ 对应的相容关系，可以得到内点 $P_2(i,j)$ 处的应力 $\sigma(i,j)$、应变 $\varepsilon(i,j)$ 和速度 $v(i,j)$。根据填充宏观节理内的菱形单元(图 6.25(d))中特征线 $P_4(i,j)P_4(i-1,j-1)$、$P_4(i,j)P_4(i+1,j-1)$ 和 $P_4(i,j)P_4(i,j-2)$ 对应的相容关系，可以得到内点 $P_4(i,j)$ 处的应力 $\sigma(i,j)$、应变 $\varepsilon(i,j)$ 和速度 $v(i,j)$。

与传统的三特征线方法不同，本节提出了填充宏观节理左右两侧分离的菱形单元来求解应力波在 x_1 和 x_2 处的传播。将 x_1 和 x_2 处的界面视为焊接，焊接界面两侧连续的速度场和应力场可表示为

$$v^-(i,j) = v^+(i,j) \quad (6.86)$$

$$\sigma^-(i,j) = \sigma^+(i,j) \quad (6.87)$$

将式(6.86)和式(6.87)代入填充宏观节理左侧的双三角形单元(图 6.25(c))中特征线 $P_3^-(i,j)P_3(i-1,j-1)$、$P_3^+(i,j)P_3(i+1,j-1)$、$P_3^-(i,j)P_3^-(i,j-2)$ 和 $P_3^+(i,j)P_3^+(i,j-2)$ 对应的相容关系，可得到 x_1 界面上点 $P_3(i,j)$ 处的应力 $\sigma(i,j)$、应变 $\varepsilon(i,j)$ 和速度 $v(i,j)$。其中，特征线 $P_3^-(i,j)P_3(i-1,j-1)$ 对应的相容关系可表示为

$$\begin{aligned} v^-(i,j) - v(i-1,j-1) = {} & \frac{1}{\rho_r C_r}\Big[\sigma^-(i,j) - \sigma(i-1,j-1)\Big] \\ & + \frac{\big[\sigma(i-1,j-1) - E_{a,r}\varepsilon(i-1,j-1)\big]E_{M,r}}{\big(E_{a,r} + E_{M,r}\big)\eta_r} \\ & \cdot \Big[x(i,j) - x(i-1,j-1)\Big] \end{aligned} \quad (6.88)$$

特征线 $P_3^+(i,j)P_3(i+1,j-1)$ 对应的相容关系可表示为

$$v^+(i,j) - v(i+1,j-1) = \frac{1}{\rho_j C_j}\Big[\sigma^+(i,j) - \sigma(i+1,j-1)\Big]$$
$$+ \frac{\big[\sigma(i+1,j-1) - E_{a,j}\varepsilon(i+1,j-1)\big]E_{M,j}}{(E_{a,j} + E_{M,j})\eta_j}$$
$$\cdot\Big[x(i,j) - x(i+1,j-1)\Big] \tag{6.89}$$

特征线 $P_3^-(i,j)P_3^-(i,j-2)$ 对应的相容关系可表示为

$$\varepsilon^-(i,j) - \varepsilon(i,j-2) = \frac{1}{E_{a,r} + E_{M,r}}\Big[\sigma^-(i,j) - \sigma(i,j-2)\Big]$$
$$+ \frac{\big[\sigma(i,j-2) - E_{a,r}\varepsilon(i,j-2)\big]E_{M,r}}{(E_{a,r} + E_{M,r})\eta_r}$$
$$\cdot\Big[t(i,j) - t(i,j-2)\Big] \tag{6.90}$$

特征线 $P_3^+(i,j)P_3^+(i,j-2)$ 对应的相容关系可表示为

$$\varepsilon^+(i,j) - \varepsilon(i,j-2) = \frac{1}{E_{a,j} + E_{M,j}}\Big[\sigma^+(i,j) - \sigma(i,j-2)\Big]$$
$$+ \frac{\big[\sigma(i,j-2) - E_{a,j}\varepsilon(i,j-2)\big]E_{M,j}}{(E_{a,j} + E_{M,j})\eta_j}$$
$$\cdot\Big[t(i,j) - t(i,j-2)\Big] \tag{6.91}$$

将式(6.86)~式(6.89)联立，得到 x_1 界面处的应力 $\sigma(i,j)$，即

$$\sigma(i,j) = -\frac{\rho_j C_j \rho_r C_r}{\rho_j C_j + \rho_r C_r}\bigg\{\frac{\sigma(i-1,j-1) - E_{a,r}\varepsilon(i-1,j-1)}{(E_{a,r} + E_{M,r})\eta_r}\mathrm{d}x + v(i-1,j-1)$$
$$- \frac{1}{\rho_r C_r}\sigma(i-1,j-1) - \frac{1}{\rho_j C_j}\sigma(i+1,j-1)$$
$$+ \frac{\big[\sigma(i+1,j-1) - E_{a,j}\varepsilon(i+1,j-1)\big]E_{M,j}}{(E_{a,j} + E_{M,j})\eta_j}\mathrm{d}x_1 - v(i+1,j-1)\bigg\} \tag{6.92}$$

将式(6.92)代入式(6.88)~式(6.91)，可以得到 x_1 界面处宏观节理前的应变 $\varepsilon^-(i,j)$ 和速度 $v^-(i,j)$，以及宏观节理后的应变 $\varepsilon^+(i,j)$ 和速度 $v^+(i,j)$。

　　将式(6.86)和式(6.87)代入填充宏观节理右侧的双三角形单元(图 6.25(d))中特征线 $P_5^-(i,j)P_5(i-1,j-1)$、$P_5^+(i,j)P_5(i+1,j-1)$、$P_5^-(i,j)P_5^-(i,j-2)$ 和 $P_5^+(i,j)P_5^+(i,j-2)$ 对应的相容关系，可以得到 x_2 界面上点 $P_5(i,j)$ 处的应力 $\sigma(i,j)$、应变 $\varepsilon(i,j)$ 和速度 $v(i,j)$。其中，特征线 $P_5^-(i,j)P_5(i-1,j-1)$ 对应的相容关系可表示为

$$
\begin{aligned}
v^-(i,j)-v(i-1,j-1)=&\frac{1}{\rho_j C_j}\Big[\sigma^-(i,j)-\sigma(i-1,j-1)\Big]\\
&+\frac{\Big[\sigma(i-1,j-1)-E_{a,j}\varepsilon(i-1,j-1)\Big]E_{M,j}}{\big(E_{a,j}+E_{M,j}\big)\eta_j}\\
&\cdot\Big[x(i,j)-x(i-1,j-1)\Big]
\end{aligned}
\tag{6.93}
$$

特征线 $P_5^+(i,j)P_5(i+1,j-1)$ 对应的相容关系可表示为

$$
\begin{aligned}
v^+(i,j)-v(i+1,j-1)=&\frac{1}{\rho_r C_r}\Big[\sigma^+(i,j)-\sigma(i+1,j-1)\Big]\\
&+\frac{\Big[\sigma(i+1,j-1)-E_{a,r}\varepsilon(i+1,j-1)\Big]E_{M,r}}{\big(E_{a,r}+E_{M,r}\big)\eta_r}\\
&\cdot\Big[x(i,j)-x(i+1,j-1)\Big]
\end{aligned}
\tag{6.94}
$$

特征线 $P_5^-(i,j)P_5^-(i,j-2)$ 对应的相容关系可表示为

$$
\begin{aligned}
\varepsilon^-(i,j)-\varepsilon(i,j-2)=&\frac{1}{E_{a,j}+E_{M,j}}\Big[\sigma^-(i,j)-\sigma(i,j-2)\Big]\\
&+\frac{\Big[\sigma(i,j-2)-E_{a,j}\varepsilon(i,j-2)\Big]E_{M,j}}{\big(E_{a,j}+E_{M,j}\big)\eta_j}\\
&\cdot\Big[t(i,j)-t(i,j-2)\Big]
\end{aligned}
\tag{6.95}
$$

特征线 $P_5^+(i,j)P_5^+(i,j-2)$ 对应的相容关系可表示为

$$
\begin{aligned}
\varepsilon^+(i,j)-\varepsilon(i,j-2)=&\frac{1}{E_{a,r}+E_{M,r}}\Big[\sigma^+(i,j)-\sigma(i,j-2)\Big]\\
&+\frac{\Big[\sigma(i,j-2)-E_{a,r}\varepsilon(i,j-2)\Big]E_{M,r}}{\big(E_{a,r}+E_{M,r}\big)\eta_r}\\
&\cdot\Big[t(i,j)-t(i,j-2)\Big]
\end{aligned}
\tag{6.96}
$$

将式(6.86)、式(6.87)、式(6.93)和式(6.94)联立，可以得到 x_2 界面处的应力 $\sigma(i,j)$，即

$$
\begin{aligned}
\sigma(i,j) = -\frac{\rho_j C_j \rho_r C_r}{\rho_j C_j + \rho_r C_r} & \left\{ \frac{\left[\sigma(i-1,j-1)E_{M,j} - E_{a,j}\varepsilon(i-1,j-1)\right]E_{M,j}}{\left(E_{a,j} + E_{M,j}\right)\eta_j}\mathrm{d}x_1 \right. \\
& + v(i-1,j-1) - \frac{1}{\rho_j C_j}\sigma(i-1,j-1) - \frac{1}{\rho_r C_r}\sigma(i+1,j-1) \\
& \left. + \frac{\left[\sigma(i+1,j-1)E_{M,r} - E_{a,r}\varepsilon(i+1,j-1)\right]E_{M,r}}{\left(E_{a,r} + E_{M,r}\right)\eta_r}\mathrm{d}x - v(i+1,j-1) \right\}
\end{aligned}
$$

$$(6.97)$$

将式(6.97)代入式(6.93)~式(6.96)，可得 x_2 界面处宏观节理前的应变 $\varepsilon^-(i,j)$ 和速度 $v^-(i,j)$，以及宏观节理后的应变 $\varepsilon^+(i,j)$ 和速度 $v^+(i,j)$。

6.5.3　含细观裂隙和填充宏观节理的岩体内应力波的传播

本节基于双网格三特征线方法研究了应力波在含细观裂隙和填充宏观节理的岩体内的传播。将研究结果与不考虑细观裂隙岩体的研究结果进行了比较，并将研究结果与不考虑细观裂隙岩体和宏观节理厚度的研究结果进行了比较。在不考虑细观裂隙岩体的情况下，研究了应力波在填充宏观节理岩体内的传播，填充宏观节理被视为薄层界面模型，填充宏观节理和两侧岩体被视为弹性介质。在不考虑细观裂隙岩体和宏观节理厚度的情况下，基于位移不连续方法研究了应力波在宏观节理岩体内的传播，其中，宏观节理被视为零厚度界面，两侧岩体被视为弹性介质。

假设一个半周期正弦波作为入射波，其形式见式(4.53)。

表 6.5 为填充宏观节理和细观裂隙岩体的力学参数。在不考虑细观裂隙岩体的情况下，填充宏观节理和岩体的力学参数如表 6.6 所示。另外，宏观节理刚度 k_n 为填充宏观节理的弹性模量与填充宏观节理的厚度之比，即 $k_n = E_j/h$。

表 6.5　填充宏观节理和细观裂隙岩体的力学参数

填充宏观节理	参数值	细观裂隙岩体	参数值
弹性模量 $E_{a,j}$	1.50GPa	弹性模量 $E_{a,r}$	38GPa
弹性模量 $E_{M,j}$	0.95GPa	弹性模量 $E_{M,r}$	12GPa

填充宏观节理	参数值	细观裂隙岩体	参数值
黏性系数 η_j	1.20MPa·s	黏性系数 η_r	25MPa·s
密度 ρ_j	1700kg/m³	密度 ρ_r	2500kg/m³

表 6.6　填充宏观节理和岩体的力学参数

填充宏观节理	参数值	岩体	参数值
弹性模量 E_j	2.45GPa	弹性模量 E_r	50GPa
密度 ρ_j	1700kg/m³	密度 ρ_r	2500kg/m³

计算过程中,入射波的振幅和频率分别为 A_0=0.02MPa 和 f_0=1000Hz。岩体代表单元长度为 S=10m,填充宏观节理的厚度为 h=40mm。

图 6.26(a) 比较了含细观裂隙和填充宏观节理岩体与填充宏观节理岩体的透射波。可以看出,基于含细观裂隙和填充宏观节理岩体与填充宏观节理岩体获得的透射波幅值都发生衰减。然而,基于含细观裂隙和填充宏观节理岩体获得的透射波幅值小于基于填充宏观节理岩体获得的透射波幅值。

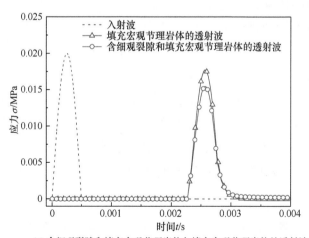

(a) 含细观裂隙和填充宏观节理岩体与填充宏观节理岩体的透射波

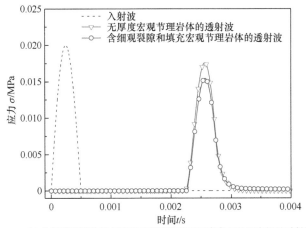

(b) 含细观裂隙和填充宏观节理岩体与无厚度宏观节理岩体的透射波

图 6.26　含细观裂隙和填充宏观节理岩体、填充宏观节理岩体和无厚度宏观节理岩体的
透射波

　　图 6.26(b) 比较了含细观裂隙和填充宏观节理岩体与无厚度宏观节理
岩体的透射波。可以看出，基于含细观裂隙和无厚度宏观节理岩体与填充
宏观节理岩体获得的透射波幅值都发生衰减。然而，基于含细观裂隙和填
充宏观节理岩体获得的透射波幅值小于基于无厚度宏观节理岩体获得的
透射波幅值。因此，本节提出的双网格三特征线方法可以有效地考虑细观
裂隙岩体和填充宏观节理对应力波传播的影响。

参 考 文 献

[1] Karal F C, Keller J B. Elastic, electromagnetic, and other waves in a random medium. Journal of Mathematical Physics, 1964, 5(4): 537-547.

[2] Hill R. A self-consistent mechanics of composite materials. Journal of the Mechanics and Physics of Solids, 1965, 13(4): 213-222.

[3] Mal A K. Interaction of elastic waves with a penny-shaped crack. International Journal of Engineering Science, 1970, 8(5): 381-388.

[4] Anderson D L, Minster B, Cole D. The effect of oriented cracks on seismic velocities. Journal of Geophysical Research, 1974, 79(26): 4011-4015.

[5] O'Connell R J, Budiansky B. Seismic velocities in dry and saturated cracked solids. Journal of Geophysical Research, 1974, 79(35): 5412-5426.

[6] Budiansky B, O'Connell R J. Elastic moduli of a cracked solid. International Journal of Solids and Structures, 1976, 12(2): 81-97.

[7] O'Connell R J, Budiansky B. Viscoelastic properties of fluid-saturated cracked solids. Journal of Geophysical Research, 1977, 82(36): 5719-5735.

[8] Amadei B, Goodman R E. A 3D constitutive relation for fractured rock masses// Proceedings of the International Symposium on the Mechanical Behavior of Structured Media. Ottawa, 1981.

[9] Henyey F S, Pomphrey N. Self-consistent elastic moduli of a cracked solid. Geophysical Research Letters, 1982, 9(8): 903-906.

[10] Krenk S, Schmidt H. Elastic wave scattering by a circular crack. Philosophical Transactions of the Royal Society A—Mathematical Physical and Engineering Sciences, 1982, 308(1502): 167-198.

[11] Horii H, Nemat-Nasser S. Overall moduli of solids with microcracks: load-induced anisotropy. Journal of the Mechanics and Physics of Solids, 1983, 31(2): 155-171.

[12] Zimmerman R W. Elastic-moduli of a solid with spherical pores-new self-consistent method. International Journal of Rock Mechanics and Mining Sciences, 1984, 21(6): 339-343.

[13] Norris A N. A differential scheme for the effective moduli of composites. Mechanics of Materials, 1985, 4(1): 1-16.

[14] Hudson J A. A higher order approximation to the wave propagation constants for a cracked solid. Geophysical Journal International, 1986, 87(1): 265-274.

[15] Aboudi J, Benveniste Y. The effective moduli of cracked bodies in plane deformations. Engineering Fracture Mechanics, 1987, 26(2): 171-184.

[16] Schoenberg M, Muir F. A calculus for finely layered anisotropic media. Geophysics, 1989,

54(5): 581-589.

[17] Hudson J A. Attenuation due to second-order scattering in material containing crack. Geophysical Journal International, 1990, 102(2): 485-490.

[18] Hirose S, Achenbach J D. Higher harmonics in the far field due to dynamic crack-face contacting. Journal of the Acoustical Society of America, 1993, 93(1): 142-147.

[19] Kachanov M, Tsukrov I, Shafiro B. Effective moduli of solids with cavities of various shapes. Applied Mechanics Reviews, 1994, 47(1): S151-S174.

[20] Murai Y, Kawahara J, Yamashita T. Multiple scattering of SH waves in 2-D elastic media with distributed cracks. Geophysical Journal International, 1995, 122(3): 925-937.

[21] Eshelby J D. The determination of the elastic field of an ellipsoidal inclusion and related problems. Mathematical and Physical Sciences, 1997, 241(1226): 376-396.

[22] Sheshenin S V, Kalinin E V, Bujakov M I. Equivalent properties of rock strata: Static and dynamic analysis. International Journal for Numerical and Analytical Methods in Geomechanics, 1997, 21(8): 569-579.

[23] Zhao J. Joint matching and shear strength, part A: joint matching coefficient (JMC). International Journal of Rock Mechanics and Mining Sciences, 1997, 34: 173-178.

[24] 胡更开, 郑泉水, 黄筑平. 复合材料有效弹性性质分析方法. 力学进展, 2001, 31(3): 361-393.

[25] Krüger O S, Saengr E H, Shapiro S A. Scattering and diffraction by a single crack: an accuracy analysis of the rotated staggered grid. Geophysical Journal International, 2005, 162(1): 25-31.

[26] Zhao X B, Zhao J, Cai J G. P-wave transmission across fractures with nonlinear deformational behaviour. International Journal for Numerical and Analytical Methods in Geomechanics, 2006, 30(11): 1097-1112.

[27] Hildyard M W. Manuel rocha medal recipient: wave interaction with underground openings in fractured rock. Rock Mechanics and Rock Engineering, 2007, 40: 531-561.

[28] Li J C, Ma G W, Zhao J. An equivalent viscoelastic model for rock mass with parallel joints. Journal of Geophysical Research-Solid Earth, 2010, 115(B3): B03305.

[29] 李建春, 李海波. 节理岩体的一维动态等效连续介质模型的研究. 岩石力学与工程学报, 2010, 29(S2): 4063-4067.

[30] Ma G W, Fan L F, Li J C. Evaluation of equivalent medium methods for stress wave propagation in jointed rock mass. International Journal for Numerical and Analytical Methods in Geomechanics, 2013, 37(7): 701-715.

[31] Wu W, Li J C, Zhao J. Seismic response of adjacent filled parallel rock fractures with dissimilar properties. Journal of Applied Geophysics, 2013, 96(3): 33-37.

[32] Zhang Q B, Zhao J. A review of dynamic experimental techniques and mechanical behavior of rock materials. Rock Mechanics and Rock Engineering, 2014, 47(4): 1411-1478.

[33] Nguyen S T, To Q D, Vu M N. Extended analytical solutions for effective elastic moduli of cracked porous media. Journal of Applied Geophysics, 2017, 140: 34-41.

[34] Zhao J, Zhao X, Cai J. A further study of P-wave attenuation across parallel fractures with linear deformational behaviour. International Journal of Rock Mechanics and Mining Sciences, 2006, 43(5): 776-788.

[35] Schoenberg M. Reflection of elastic waves from periodically stratified media with interfacial slip. Geophysical Prospecting, 1983, 31(2): 265-292.

[36] Thomsen L. Weak elastic anisotropy. Geophysics, 1986, 51(10): 1954-1966.

[37] Hudson J A. Wave speeds and attenuation of elastic waves in material containing cracks. Geophysical Journal of the Royal Astronmical Society, 1981, 64(1): 133-150.

[38] Frazer L N. Dynamic elasticity of microbedded and fractured rocks. Journal of Geophysical Research—Solid Earth and Planets, 1990, 95(B4): 4821-4831.

[39] Pyrak-Nolte L J, Myer L R, Cook N G. Anisotropy in seismic velocities and amplitudes from multiple parallel fractures. Journal of Geophysical Research—Solid Earth and Planets, 1990, 95(B7): 11345-11358.

[40] Pyrak-Nolte L J, Myer L R, Cook N G W. Seismic visibility of fractures// Proceedings of the 28th US Symposium on Rock Mechanics. Rotterdam, 1987.

[41] Cook N G W. Natural joints in rock mechanical, hydraulic and seismic behavior and properties under normal stress. International Journal of Rock Mechanics and Mining Sciences and Geomechanics Abstracts, 1992, 29(3): 198-223.

[42] Fan L F, Ma G W, Li J C. Nonlinear viscoelastic medium equivalence for stress wave propagation in a jointed rock mass. International Journal of Rock Mechanics and Mining Sciences, 2012, 50: 11-18.

[43] Li J C. Wave propagation across non-linear rock joints based on time-domain recursive method. Geophysical Journal International, 2013, 193(2): 970-985.

[44] Li H, Liu T, Liu Y, et al. Numerical modeling of wave transmission across rock masses with nonlinear joints. Rock Mechanics and Rock Engineering, 2015, 49(3): 1115-1121.

[45] Li X F, Li H B, Li J C, et al. Research on transient wave propagation across nonlinear joints filled with granular materials. Rock Mechanics and Rock Engineering, 2018, 51(8): 2373-2393.

[46] Yi W, Nihei K T, Rector J W, et al. Frequency-dependent seismic anisotropy in fractured rock. International Journal of Rock Mechanics and Mining Sciences and Geomechanics Abstracts, 1997, 34(3/4): 349-360.

[47] Pyrak-Nolte L J, Morris J P. Single fractures under normal stress: the relation between fracture specific stiffness and fluid flow. International Journal of Rock Mechanics and Mining Sciences, 2000, 37: 245-262.

[48] Nakagawa S, Schoenberg M. Pyroclastic modeling of seismic boundary conditions across a fracture. Journal of the Acoustical Society of America, 2007, 122(2): 831-847.

[49] Perino A, Zhu J B, Li J C, et al. Theoretical methods for wave propagation across jointed rock masses. Rock Mechanics and Rock Engineering, 2010, 43(6): 799-809.

[50] Zhu J B, Deng X F, Zhao X B, et al. A numerical study on wave transmission across multiple intersecting joint sets in rock masses with UDEC. Rock Mechanics and Rock

Engineering, 2012, 46(6): 1429-1442.

[51] Chai S B, Li J C, Zhang Q B, et al. Stress wave propagation across a rock mass with two non-parallel joints. Rock Mechanics and Rock Engineering, 2016, 49(10): 4023-4032.

[52] Chai S B, Tian W, Zhao J H. Study of the cylindrical wave propagation across a single rock joint with nonlinear normal deformation. Waves in Random and Complex Media, 2019, (3): 1-18.

[53] Li Z L, Li J C, Li H B, et al. Effects of a set of parallel joints with unequal close-open behavior on stress wave energy attenuation. Waves in Random and Complex Media, 2020, (2): 1-25.

[54] Schoenberg M. Elastic wave behavior across linear slip interfaces. The Journal of the Acoustical Society of America, 1980, 68(5): 1516-1521.

[55] Angle Y C, Achenbach J D. Reflection and transmission of elastic waves by a periodic array of cracks. Journal of Applied Mechanics, 1985, 52: 33.

[56] Angle Y C, Achenbach J D. Reflection and transmission of elastic waves by a periodic array of cracks: oblique incidence. Wave Motion, 1985, 9: 375.

[57] Zhao X B, Zhu J B, Zhao J, et al. Study of wave attenuation across parallel fractures using propagator matrix method. International Journal for Numerical and Analytical Methods in Geomechanics, 2012, 36(10): 1264-1279.

[58] Zou Y, Li J, Zhao J. A novel experimental method to investigate the seismic response of rock joints under obliquely incident wave. Rock Mechanics and Rock Engineering, 2019, 52(9): 3459-3466.

[59] Modiriasari A, Bobet A, Pyrak-Nolte L J. Seismic wave conversion caused by shear crack initiation and growth. Rock Mechanics and Rock Engineering, 2020, 53(6): 2805-2818.

[60] Myer L R, Hopkins D, Cook N. Effects of contact area of an interface on acoustic wave transmission characteristics// Proceedings of the 26th US Rock Mechanics Symposium. Boston, 1985.

[61] Pyrak-Nolte L J. The seismic response of fractures and the interrelations among fracture properties. International Journal of Rock Mechanics and Mining Sciences and Geomechanics Abstracts, 1996, 33(8): 787-802.

[62] Gu B, Suárez-Rivera R, Nihei K T, et al. Incidence of plane waves upon a fracture. Journal of Geophysical Research—Solid Earth, 1996, 101(B11): 25337-25346.

[63] 王明洋, 钱七虎. 爆炸应力波通过节理裂隙带的衰减规律. 岩土工程学报, 1995, 17(2): 42-46.

[64] Shi J, Shen B. Simulation implementation of trajectory and intersections of three-dimensional crack growths with displacement discontinuity method. Engineering Fracture Mechanics, 2018, 204: 119-137.

[65] Li K, Jiang X, Ding H, et al. Three-dimensional propagation simulation and parameter analysis of rock joint with displacement discontinuity method. Mathematical Problems in Engineering, 2019, (4): 1-11.

[66] Rezaei A, Siddiqui F, Bornia G, et al. Applications of the fast multipole fully coupled

poroelastic displacement discontinuity method to hydraulic fracturing problems. Journal of Computational Physics, 2019, 399: 108955.

[67] Wong L N Y, Cui X. DDFS3D: A set of open-source codes leveraging hybrid 3D displacement discontinuity method and fictitious stress method to simulate fractures. Engineering Analysis with Boundary Elements, 2021, 131: 146-158.

[68] Kulhawy F H. Stress deformation properties of rock and rock discontinuities. Engineering Geology, 1975, 9(4): 327-350.

[69] Goodman R E. Methods of Geological Engineering in Discontinuous Rocks. St Paul: West Publishing, 1976.

[70] Bandis S C, Lumsden A C, Barton N R. Fundamentals of rock joint deformation. International Journal of Rock Mechanics and Mining Sciences, 1983, 20(6): 249-268.

[71] Johnson P A, Zinszner B, Rasolofosaon P N J. Resonance and elastic nonlinear phenomena in rock. Journal of Geophysical Research, 1996, 101(B5): 11553-11564.

[72] Zheng H S, Zhang Z J, Yang B J. A numerical study of 1-D nonlinear P-wave propagation in solid. Acta Seismologica Sinica, 2004, 17(1): 80-86.

[73] 王卫华, 李夕兵, 左宇军. 非线性法向变形节理对弹性纵波传播的影响. 岩石力学与工程学报, 2006, 25(6): 1218-1225.

[74] Li J C, Li H B, Ma G W, et al. A time-domain recursive method to analyse transient wave propagation across rock joints. Geophysical Journal International, 2012, 188(2): 631-644.

[75] Li J C, Wu W, Li H B, et al. A thin-layer interface model for wave propagation through filled rock joints. Journal of Applied Geophysics, 2013, 91: 31-38.

[76] Li J C, Zhao X B, Li H B, et al. Analytical study for stress wave interaction with rock joints having unequally close-open behavior. Rock Mechanics and Rock Engineering, 2016, 49(8): 3155-3164.

[77] Li J C, Ma G W. Experimental study of stress wave propagation across a filled rock joint. International Journal of Rock Mechanics and Mining Sciences, 2009, 46(3): 471-478.

[78] Malama B, Kulatilake P. Models for normal fracture deformation under compressive loading. International Journal of Rock Mechanics and Mining Sciences, 2003, 40(6): 893-901.

[79] 赵坚, 蔡军刚, 赵晓豹等. 弹性纵波在具有非线性法向变形本构关系的节理处的传播特征. 岩石力学与工程学报, 2003, 22(1): 9-17.

[80] Cai J, Zhao J. Effects of multiple parallel fractures on apparent attenuation of stress waves in rock masses. International Journal of Rock Mechanics and Mining Sciences, 2000, 37(4): 661-682.

[81] Crouch S L. Solution of plane elasticity problems by the displacement discontinuity method. International Journal for Numerical Methods in Engineering, 1976, 10(2): 301-343.

[82] Spencer J W, Edwards C M, Sonnad J R. Seismic wave attenuation in nonresolvable cyclic stratification. Geophysics, 1977, 42(5): 939-949.

[83] Kitsunrzaki C. Behavior of plane elastic waves across a plane crack. Journal of Mining

College of Akita University, 1983, 6(3): 173-187.

[84] Rokhlin S I. Analysis of boundary conditions for elastic wave interaction with an interface between two solids. Journal of the Acoustical Society of America, 1991, 89(2): 503.

[85] Smyshlyaev V P, Willis J R. Linear and nonlinear scattering of elastic waves by microcracks. Journal of the Mechanics and Physics of Solids, 1994, 42(4): 585-610.

[86] Tencate J A, Van D A K E A, Shankland T J, et al. Laboratory study of linear and nonlinear elastic pulse propagation in sandstone. Journal of the Acoustical Society of America, 1996, 100(3): 1383-1391.

[87] Wu Y K, Hao H, Zhou Y X, et al. Propagation characteristics of blast-induced shock waves in a jointed rock mass. Soil Dynamics and Earthquake Engineering, 1998, 17(6): 407-412.

[88] Hao H, Wu Y K, Ma G W, et al. Characteristics of surface ground motions induced by blasts in jointed rock mass. Soil Dynamics and Earthquake Engineering, 2001, 21(2): 85-98.

[89] Yang W Y, Kong G Y, Cai J G. Dynamic model of normal behavior of rock fractures. Journal of Coal Science and Engineering, 2005, 11(2): 24-28.

[90] Wang W H, Li X B, Zhang Y P, et al. Closure behavior of rock joint under dynamic loading. Journal of Central South University of Technology, 2007, 14(3): 408-412.

[91] Zhao J, Cai J G, Zhao X B, et al. Dynamic model of fracture normal behaviour and application to prediction of stress wave attenuation across fractures. Rock Mechanics and Rock Engineering, 2008, 41(5): 671-693.

[92] Li Y, Zhu Z, Li B, et al. Study on the transmission and reflection of stress waves across joints. International Journal of Rock Mechanics and Mining Sciences, 2011, 48(3): 364-371.

[93] Huang X L, Qi S W, Liu Y S, et al. Stress wave propagation through viscous-elastic jointed rock masses using propagator matrix method (PMM). Geophysical Journal International, 2014, 200(1): 452-470.

[94] Resmi S, Sitharam T G. Transmission of elastic waves through a frictional boundary. International Journal of Rock Mechanics and Mining Sciences, 2014, 66: 84-90.

[95] Huang X L, Qi S W, Xia K W, et al. Particle crushing of a filled fracture during compression and its effect on stress wave propagation. Journal of Geophysical Research: Solid Earth, 2018, 123(7): 5559-5587.

[96] Li J C, Li N N, Chai S B, et al. Analytical study of ground motion caused by seismic wave propagation across faulted rock masses. International Journal for Numerical and Analytical Methods in Geomechanics, 2018, 42(2): 95-109.

[97] Liu Y, Dai F. A damage constitutive model for intermittent jointed rocks under cyclic uniaxial compression. International Journal of Rock Mechanics and Mining Sciences, 2018, 103: 289-301.

[98] Li J C, Li H B, Jiao Y Y, et al. Analysis for oblique wave propagation across filled joints based on thin-layer interface model. Journal of Applied Geophysics, 2014, 102: 39-46.

[99] Cui Z, Sheng Q, Leng X L. Analysis of S wave propagation through a nonlinear joint with

the continuously yielding model. Rock Mechanics and Rock Engineering, 2016, 50(1): 113-123.

[100] Li D Y, Han Z Y, Zhu Q Q, et al. Stress wave propagation and dynamic behavior of red sandstone with single bonded planar joint at various angles. International Journal of Rock Mechanics and Mining Sciences, 2019, 117: 162-170.

[101] Wu N, Zhang C, Maimaitiyusupu S, et al. Investigation on properties of rock joint in compression dynamic test. KSCE Journal of Civil Engineering, 2019, 23(9): 3854-3863.

[102] Han D, Zhu J, Leung Y F. Deformation of healed rock joints under tension: Experimental study and empirical model. Rock Mechanics and Rock Engineering, 2020, 53(7): 3353-3362.

[103] Liu T, Li X, Zheng Y, et al. Analysis of seismic waves propagating through an in situ stressed rock mass using a nonlinear model. International Journal of Geomechanics, 2020, 20(3): 04020002.

[104] Goodman R E. The mechanical properties of joints// Proceedings of the 3rd Congress of the International Society for Rock Mechanics. Denver, 1974: 127-140.

[105] Barton N, Bandis S, Bakhtar K. Strength, deformation and conductivity coupling of rock joints. International Journal of Rock Mechanics and Mining Sciences and Geomechanics Abstracts, 1985, 22(3): 121-140.

[106] Sun Z, Gerrard C, Stephansson O. Rock joint compliance tests for compression and shear loads. International Journal of Rock Mechanics Mining Sciences Geomechanics Abstracts, 1985, 22(4): 197-213.

[107] Henrych J, Abrahamson G R. The dynamics of explosion and its use. Journal of Applied Mechanics, 1980, 47(1): 218.

[108] Cai J G, Zhao J. Effects of multiple parallel fractures on apparent attenuation of stress waves in rock masses. International Journal of Rock Mechanics and Mining Sciences, 2000, 37(4): 661-682.

[109] Wang Z Q, Hao H, Lu Y. A three-phase soil model for simulating stress wave propagation due to blast loading. International Journal for Numerical Analytical Methods in Geomechanics, 2003, 28(1): 33-56.

[110] Ma G W, Li J C, Zhao J. Three-phase medium model for filled rock joint and interaction with stress waves. International Journal for Numerical and Analytical Methods in Geomechanics, 2011, 35(1): 97-110.

[111] Ma G W, An X M, He L. The numerical manifold method: A review. International Journal of Computational Methods, 2011, 7(1): 1-32.

[112] Fan L F, Yi X W, Ma G W. Numerical manifold method (NMM) simulation of stress wave propagation through fractured rock mass. International Journal of Applied Mechanics, 2013, 5(2): 1350022.

[113] Liu Z, Zheng H. Two-dimensional numerical manifold method with multilayer covers. Science China Technological Sciences, 2015, 59(4): 515-530.

[114] Zhou X F, Fan L F, Wu Z J. Effects of microfracture on wave propagation through rock

mass. International Journal of Geomechanics, 2017, 17(9): 04017072.

[115] Zhu J, Hu S S, Wang L L. An analysis of stress uniformity for concrete-like specimens during SHPB tests. International Journal of Impact Engineering, 2009, 36(1): 61-72.

[116] Jones J P, Whittier J S. Waves at a flexibly bonded interface. Journal of Applied Mechanics, 1967, 40: 905-909.

[117] Barton N. Rock mechanics review, the shear strength of rock and rock joints. International Journal of Rock Mechanics and Mining Sciences and Geomechanics Abstracts, 1973, 13: 255-279.

[118] Kulhaway F H. Stress-deformation properties of rock and rock discontinuities. Engineering Geology, 1975, 8: 327-350.

[119] Johnston D H, Toksöz M N, Timur A. Attenuation of seismic waves in dry and saturated rocks. Geophysics, 1979, 44(4): 691-711.

[120] Crampin S, Mcgonigle R, Bamford D. Estimating crack parameters from observations of P-wave velocity anisotropy. Geophysics, 1980, 45(3): 345-360.

[121] Swan G. Determination of stiffness and other joint properties from roughness measurements. Rock Mechanics and Rock Engineering, 1983, 16(1): 19-38.

[122] Brown S R, Scholz C H. Closure of rock joints. Journal of Geophysical Research, 1986, 91: 4939-4948.

[123] Fossum A F. Effective elastic property for a randomly jointed rock mass. International Journal of Rock Mechanics and Mining Sciences and Geomechanics Abstracts, 1985, 22(6): 467-470.

[124] Amadei B, Savage W Z. Anisotropic nature of jointed rock mass strength. Journal of Engineering Mechanics, 1989, 115(3): 525-542.

[125] Ming C, Horii H. A constitutive model of highly jointed rock masses. Mechanics of Materials, 1992, 13(3): 217-246.

[126] Chen W Y, Lovell C W, Haley G M, et al. Variation of shear-wave amplitude during frictional sliding. International Journal of Rock Mechanics and Mining Science and Geomechanics Abstracts, 1993, 30(7): 779-784.

[127] Chen S G, Zhao J. A study of UDEC modelling for blast wave propagation in jointed rock masses. International Journal of Rock Mechanics and Mining Sciences, 1998, 35(1): 93-99.

[128] Zhao J, Zhou Y X, Hefny A M, et al. Rock dynamics research related to cavern development for ammunition storage. Tunnelling and Underground Space Technology, 1999, 14(4): 513-526.

[129] Groenenboom J, Falk J. Scattering by hydraulic fractures: finite-difference modeling and laboratory data. Geophysics, 2000, 65(2): 612-622.

[130] Sinha U, Singh B. Testing of rock joints filled with gouge using a triaxial apparatus. International Journal of Rock Mechanics and Mining Sciences, 2000, 37(6): 963-981.

[131] Ciccotti M, Mulargia E. Differences between static and dynamic elastic moduli of a typical seismogenic rock. Geophysical Journal International, 2004, 157(1): 474-477.

[132] Yang W Y, Kong G Y, Cai J G. Dynamic model of normal behavior of rock fractures. Journal of Coal Science and Engineering, 2005, 11(2): 24-28.

[133] Hildyard M W. Manuel Rocha Medal recipient: wave interaction with underground openings in fractured rock. Rock Mechanics and Rock Engineering, 2007, 40: 531-561.

[134] Yu Y, Deng L, Sun X, et al. Centrifuge modeling of a dry sandy slope response to earthquake loading. Bulletin of Earthquake Engineering, 2008, 6(3): 447-461.

[135] King M S, Myer L R, Rezowalli J J. Experimental studies of elastic-wave propagation in a columnar-jointed rock mass. Geophysical Prospecting, 2010, 34(8): 1185-1199.

[136] Zhao G F, Fang J N, Zhao J. A 3D distinct lattice spring model for elasticity and dynamic failure. International Journal for Numerical and Analytical Methods in Geomechanics, 2011, 35(8): 859-885.

[137] Wu W, Zhu J B, Zhao J. Dynamic response of a rock fracture filled with viscoelastic materials. Engineering Geology, 2013, 160: 1-7.

[138] Huang X L, Qi S W, Guo S F, et al. Experimental study of ultrasonic waves propagating through a rock mass with a single joint and multiple parallel joint. Rock Mechanics and Rock Engineering, 2014, 47(2): 549-559.

[139] Chen X, Li J C, Cai M F, et al. A further study on wave propagation across a single joint with different roughness. Rock Mechanics and Rock Engineering, 2016, 49(7): 2701-2709.

[140] Li J C, Li N N, Li H B, et al. An SHPB test study on wave propagation across rock masses with different contact area ratios of joint. International Journal of Impact Engineering, 2017, 105: 109-116.

[141] Yang G, Qi S, Wu F, et al. Seismic amplification of the anti-dip rock slope and deformation characteristics: a large-scale shaking table test. Soil Dynamics and Earthquake Engineering, 2018, 115: 907-916.

[142] Liu Y, Dai F, Dong L, et al. Experimental investigation on the fatigue mechanical properties of intermittently jointed rock models under cyclic uniaxial compression with different loading parameters. Rock Mechanics and Rock Engineering, 2018, 51(1): 47-68.

[143] Zeng S, Wang S, Sun B, et al. Propagation characteristics of blasting stress waves in layered and jointed rock caverns. Geotechnical and Geological Engineering, 2018, 36: 1559-1573.

[144] Wang M, Wang F, Zhu Z M, et al. Modelling of crack propagation in rocks under SHPB impacts using a damage method. Fatigue and Fracture of Engineering Materials and Structures, 2019, 42(8): 1699-1710.

[145] Li J C, Rong L F, Li H B, et al. An SHPB test study on stress wave energy attenuation in jointed rock masses. Rock Mechanics and Rock Engineering, 2019, 52(2): 403-420.

[146] Li Z L, Li J C, Li X. Seismic interaction between a semi-cylindrical hill and a nearby underground cavity under plane SH waves. Geomechanics and Geophysics for Geo-Energy and Geo-Resources, 2019, 5(4): 405-423.

[147] Han Z Y, Li D Y, Zhou T, et al. Experimental study of stress wave propagation and energy characteristics across rock specimens containing cemented mortar joint with various thicknesses. International Journal of Rock Mechanics and Mining Sciences, 2020, 131: 104352.

[148] Pyrak-Nolte L J, Myer L R, Cook N G W. Transmission of seismic waves across single natural fractures. Journal of Geophysical Research, 1990, 95(B6): 8617-8638.

[149] Fan L F, Wang L J, Wu Z J. Wave transmission across linearly jointed complex rock masses. International Journal of Rock Mechanics and Mining Sciences, 2018, 112: 193-200.

[150] Fan L F, Ren F, Ma G W. An extended displacement discontinuity method for analysis of stress wave propagation in viscoelastic rock mass. Journal of Rock Mechanics and Geotechnical Engineering, 2011, 3(1): 73-81.

[151] Fan L F, Wang M, Wu Z J. A split three-characteristics method for stress wave propagation through a rock mass with double-scale discontinuities. Rock Mechanics and Rock Engineering, 2020, 53(12): 5767-5779.

[152] Fan L F, Wang M, Wu Z J. Effect of nonlinear deformational macrojoint on stress wave propagation through a double-scale discontinuous rock mass. Rock Mechanics and Rock Engineering, 2020, 54(3): 1077-1090.

[153] Fan L F, Wang M, Li J C. Multiple pulses transmission through rock mass with double-scale discontinuities. International Journal of Rock Mechanics and Mining Sciences, 2021, 140: 104686.

[154] 中华人民共和国国家标准. 建筑石膏　一般试验条件(GB/T 17669.1—1999). 北京: 中国标准出版社, 1999.

[155] Fan L F, Wang M, Du X L. Dual-mesh three characteristic lines method for stress wave propagation through micro-defected rock mass with thin layer filled macro-joint. Rock Mechanics and Rock Engineering, 2021, 54: 6621-6632.